はじめてみよう生化学実験

山本克博　編著
小原　効
金澤康子
佐々木胤則
西村直道
水野佑亮
　　　　共著

三共出版

まえがき

　生化学は生命体や生命現象を化学的手法で解明する学問領域であると言われるように，今日の生化学の広範な知見は，実験をとおして得られた膨大なデータを基にして構築されてきたものである。生化学の領域を対象とした学術雑誌は世界中に数多くあり，それらに掲載される様々な実験の結果を基にして書き上げられた論文も多大な数にのぼり，日々新たな知見が積み重ねられている。

　生命体はタンパク質，糖，脂質，核酸といった様々な有機化学物質から構成されているが，それらは単に組織や器官といった構造を作り上げるための構成要素として機能しているばかりでなく，お互いに関連し合って生体物質の合成・分解，エネルギーの産生・消費などの反応が進行することによって生体内における一定の秩序が保たれている。生化学実験の多くは，いわゆる *in vitro* の実験であり，生体内で起こる諸反応を試験管内で再現するという手法が多く用いられる。そのためには，生物を構成する多種多様な生体高分子を単離することから始まり，それらの構造や性質を調べ，さらに生体内での様々な反応について調べることになる。

　本書では，生化学を学ぶ学生がマスターしておかなければならない生化学の基本的な実験を骨格として，さらに応用的な実験として，血液成分や尿成分の分析など臨床分野で使われる実験も取り上げている。血液や尿成分の分析データは，人の健康状態を判断する上でのバロメーターであり，体内での生化学反応が円滑に行われているかどうかを判定する指標となるものである。これらの測定では，従来は分析化学的手法が使われることが多かったが，最近では酵素を用いた生化学反応を利用した手法が広く普及するようになっている。このような実験項目は，栄養士や管理栄養士養成課程はもとより，医療関係あるいは食品科学関連の学部・学科で学ぶ学生にとっても有用となるであろう。

　実験は単に教科書に書かれた操作手順に沿って進めて結果を得るということで終わるわけではなく，実験の目的と原理を十分に理解した上で，各段階での操作が何を目的として行われるのか，その意味を考えながら進めなくてはならない。さらに，実験で得られたデータからどのようなことが分かるのかを考察することによって考える力を養うことが肝要である。

　千里の道も一歩からといわれるように，まずは本書をとおして生化学の実験の一歩を踏み出して，実験の基礎を確実に修得し，その後の卒業研究やさらに高度な研究を進展させるための礎を築いていただきたい。

　本書の出版にあたっては，企画立案から編集作業を経て発行に至るまで，三共出版の石山慎二氏ならびに飯野久子氏に多大なご尽力を頂いた。ここに著者一同心からお礼申し上げる。

2008年2月 　　　　　　　　　　　　　　　　　　　　　　　　　　　　　　　　　編著者

目　次

1 実験にあたっての予備知識 ……………………………………………… 1

1-1　実験の心得 ……………………………………………………………… 1
1-2　器具の名称と取り扱い ………………………………………………… 2
　1-2-1　ガラス器具 ………………………………………………………… 2
　1-2-2　ピペット …………………………………………………………… 5
　1-2-3　天　秤 ……………………………………………………………… 5
　1-2-4　遠心分離 …………………………………………………………… 7
　1-2-5　ホモジナイザー …………………………………………………… 8
　1-2-6　ガスバーナー ……………………………………………………… 9
1-3　実験データの処理 ……………………………………………………… 9
1-4　実験の記録とレポートの作成 ………………………………………… 11
　　コラム　「調製」と「調整」の使い分け ………………………… 13

2 基 礎 実 験 ……………………………………………………………… 14

2-1　溶液の濃度ならびに調製法 …………………………………………… 14
　2-1-1　水 の 精 製 ………………………………………………………… 14
　2-1-2　生化学実験で使われる単位 ……………………………………… 14
　2-1-3　SI 接 頭 語 ………………………………………………………… 14
　2-1-4　溶液の濃度 ………………………………………………………… 15
　2-1-5　溶液の希釈法 ……………………………………………………… 16
　2-1-6　緩衝液（Buffer） ………………………………………………… 16
2-2　滴定曲線— pH についての基礎知識— ……………………………… 19
2-3　分光光度法 ……………………………………………………………… 23
　2-3-1　分光光度法の原理 ………………………………………………… 23
　2-3-2　分光光度計の仕組み ……………………………………………… 24
　2-3-3　セ　ル ……………………………………………………………… 24
　2-3-4　二種類の色度の吸収曲線 ………………………………………… 24

v

目　次

3 糖質に関する実験 … 26

- 3-1　糖質の定性反応 … 26
  - 3-1-1　Benedict（ベネディクト）反応 … 26
  - 3-1-2　Bial（ビアル）反応 … 26
  - 3-1-3　Skatole（スカトール）反応 … 27
  - 3-1-4　Seliwanoff（セリワノフ）反応 … 27
- 3-2　ラット肝臓からのグリコーゲンの分離と定量 … 28
  - 3-2-1　グリコーゲンの分離 … 28
  - 3-2-2　グリコーゲンの定量 … 29
- 3-3　血糖（グルコース）の定量 … 30

4 アミノ酸・タンパク質に関する実験 … 32

- 4-1　ニンヒドリン反応によるアミノ酸の定量 … 32
- 4-2　アミノ酸およびタンパク質の紫外線吸収スペクトル … 34
  - コラム　「M」の読み方 … 35
- 4-3　ゲルろ過クロマトグラフィー … 36
  - 4-3-1　塩とタンパク質の分離 … 36
    - コラム　モル，mol（または mole） … 37
  - 4-3-2　アルブミンとDNP-リジンの分離 … 38
  - 4-3-3　アルブミンのペプシン処理分解物のゲルろ過 … 39
- 4-4　タンパク質溶液の比色定量法 … 40
  - 4-4-1　ビウレット法によるタンパク質の定量 … 40
    - コラム　％記号 … 41
  - 4-4-2　Lowry法によるタンパク質の定量 … 42
- 4-5　透析によるタンパク質溶液からの脱塩 … 44
- 4-6　粘度測定によるタンパク質の構造変化の検出 … 46
- 4-7　硫安によるタンパク質の塩析 … 48
- 4-8　血清タンパク質のセルロースアセテート膜電気泳動 … 50
- 4-9　SDSポリアクリルアミドゲル電気泳動 … 52
  - コラム　分子量と分子質量 … 54

5 酵素に関する実験 … 55

- 5-1　酵素反応の基礎実験 … 55
  - 5-1-1　検量線の作製 … 55
  - 5-1-2　反応の経時変化 … 56

	5-1-3	酵素濃度の影響	56
5-2		酵素反応速度論（Enzyme kinetics）	58
	5-2-1	アルカリホスファターゼ活性測定によるK_mとV_{max}の決定	59
5-3		乳酸デヒドロゲナーゼの活性測定	60
5-4		唾液アミラーゼによるデンプンの加水分解	62
5-5		トリプシンによるカゼインの加水分解	64

6 脂質に関する実験 ... 66

6-1	ラット肝臓からの脂質の抽出と定量	66
	6-1-1 脂質の抽出	66
	6-1-2 中性脂肪の定量	67
6-2	遊離脂肪酸の定量	69
6-3	コレステロールの定量	72
6-4	リパーゼによる脂質の加水分解	74

7 核酸に関する実験 ... 76

7-1	ラット肝臓からの核酸の抽出精製および定量	76
7-2	口腔粘膜からのDNA抽出とアガロースゲルゲル電気泳動	80
	コラム pH	83

8 ビタミンに関する実験 ... 84

8-1	ビタミンA前駆物質（葉緑素）の分離と定性	84
8-2	ビタミンB_1の比色定量	86

9 免疫に関する実験 ... 88

9-1	オクタロニー法による抗原抗体反応の検出	88
9-2	血液型の判定	90

10 血液・尿に関する実験 ... 92

10-1	血清アルブミン・グロブリン比の測定	92
10-2	ヘマトクリット値の測定	94
10-3	血中リン脂質の定量	95
10-4	血清酵素（アミノ基転移酵素）の活性測定	97
10-5	血漿遊離アミノ酸比の判定試験	99
10-6	無機リンの定量	101
10-7	血清および尿中のクレアチニンの定量	103

目　次

 10-8 尿成分の定性反応 …………………………………………………………… 106
   コラム　大きな数字でのコンマ（,）の打ち方 ………………………… 105
 10-9 血清および尿中の尿素窒素・尿酸の定量 ………………………………… 108
  10-9-1 尿素窒素の測定 ……………………………………………………… 108
  10-9-2 尿　　　酸 …………………………………………………………… 109

11　栄養・食品に関する実験 …………………………………………… 112

 11-1 基礎栄養学実験 ……………………………………………………………… 112
 11-2 牛乳中のカルシウムの定量 ………………………………………………… 115
 11-3 滴定法による食品中の酸・塩分の測定 …………………………………… 117

付　録：電子顕微鏡 ………………………………………………………………… 119

 参考図書 …………………………………………………………………………… 122
 索　　引 …………………………………………………………………………… 123

1 実験にあたっての予備知識

1-1 実験の心得

　科学・技術を基礎とする教科では，実験は，座学とされる教科書を用いて学ぶ学問と並ぶ車の両輪である。しかし，高校時代までの諸君は，実験書を用いて自ら実験を行う機会が少なく，実践を伴わない知識を身につけてきた傾向が強い。それゆえ，実際に実験をはじめてみる何から手を付けてよいのか分からなかったり，基本的操作の指導を受けてこなかったことに由来する致命的な失敗をおかしたり，あるいは指示されたとおりの機械的操作に陥ったりする。

　実験を始めるにあたり以下の事項に特に注意する。

1) 自分がこれからやろうとする実験内容をよく理解した上で取りかかる。すなわち，指導書に書かれた試薬を加える理由や，その時に起こる化学反応などについて，よく考えながら真剣に，しかも注意深く操作・観察を行う。当然の事ながら実験中は実験台を離れない。実験中に観察した事象は，詳しく実験ノートに書きとめておく。指導書を読んで理解できない点は指導教員や同僚に積極的に質問する。

2) 実験台の上は常に整理・整頓に心がけ，不用な物は置かない。しかし，試料を不用意に捨てたり，急いで片付けたりはしない。

3) 水道の流し放し，ガスのつけ放し，ガスの元栓の開け放しはお互いに注意しあう。試薬や反応終了後の溶液は指定された容器に捨て，流し台に捨ててよい場合でも，必ず水道水でうすめてから流す。ろ紙やマッチの燃えさしなどの固形物は，けっして流しに捨ててはいけない。

4) 事故防止に心がける。不注意による事故は同僚や指導教員のみでなく学校全体に迷惑を及ぼす。例えば，試験管の口を近くにいる人の方へ向けて実験しない。有毒ガス(SO_2, H_2S, CO など)を扱う実験はドラフト(排気室)内で行う。濃い酸やアルカリの溶液が体に付着した時はただちに水道水で十分水洗いする。引火性の試薬(アルコール，エーテル等)を火の近くに置かない。万一，火災が発生した場合は自分一人で処理しようとせず，指導教員に知らせ自分は手をつけない方がよい。火傷をしたら冷水ですぐ十分に冷やす。

1-2　器具の名称と取り扱い

1-2-1　ガラス器具

ガラス器具の性質と取り扱い

　化学および生化学で用いられる器具の多くはガラスやプラスチック製であるが，ガラスはアルカリ溶液には侵されやすいので，その保存にはポリエチレン製容器を使用するのが一般的である。ガラス器具は用途や容量・精度に応じて，それに見合った器具を用いる。用途や精度について不明な場合は，指導教員に確認する。遮光が必要な溶液の保存には褐色の容器を使用する。測容器(例えば，メスフラスコ)で調製した溶液はラベルをして試薬ビンや三角フラスコなどに移して使用する。

　実験によく使用されるガラス器具と関連する器具の名称を図1-1に示す。ガラス器具は破損しやすいので，その取り扱いには十分注意しなければならない。実験中に誤って破損した時はすぐ掃除して専用の箱に捨てる。試薬ビンやフラスコのふたなどのすり合わせ部分が固着(特にアルカリ溶液を入れた場合)して取れなくなることが時々ある。その際は，無理をしないで水につけたり，超音波洗浄器にかけたりして気長に取るようにする。短気に力まかせで取ろうとすると思わぬ大怪我になる場合があるので十分注意する。長時間使用しない試薬ビンやフラスコのすり合わせ部分には紙片をはさめておくとよい。

ガラス器具の洗い方

　実験に使用する器具は全て清浄でなければならない。そのために，ガラス器具の洗浄は重要である。酸，アルカリ，塩類等を使用したガラス器具は乾燥しないよう水に浸しておき，洗剤で洗い流す。汚れが強く固着している時はクレンザーや濃い洗剤を用い，ブラシでよくこすって洗い，油類を使用したときは有機溶媒を用いて洗浄する必要がある。ただし，メスフラスコなどの測容器や分光光度計のセルの洗浄にはクレンザーやブラシを用いてはいけない。最近は，各種の洗剤が市販されているので目的に合う洗剤の使用によって能率的に洗浄できる。洗剤は流水で十分に洗い落し，最後に精製水で，2～3回すすぐ。すすいだ器具は，口を下にして水を切ったり，落下浮遊物で汚れたりしないようにする。

ガラス器具の乾燥

　ガラス器具は洗浄後，すぐに乾燥器に入れて乾燥することができるが，測容器は高温で乾燥させてはいけない。特に，ピペット，ビュレット，メスフラスコ，メスシリンダーなどの測容器は室温で乾燥させなければならない。高温でガラスを一担膨張させると元の体積に戻らなくなり，その器具を用いての実験では誤差が大きくなるためである。洗浄後の器具を早く使いたい時は，アセトンかエタノールで2～3回すすぎ，風乾させる。さらにエーテルを用いると速やかに乾燥する。

1-2 器具の名称と取り扱い

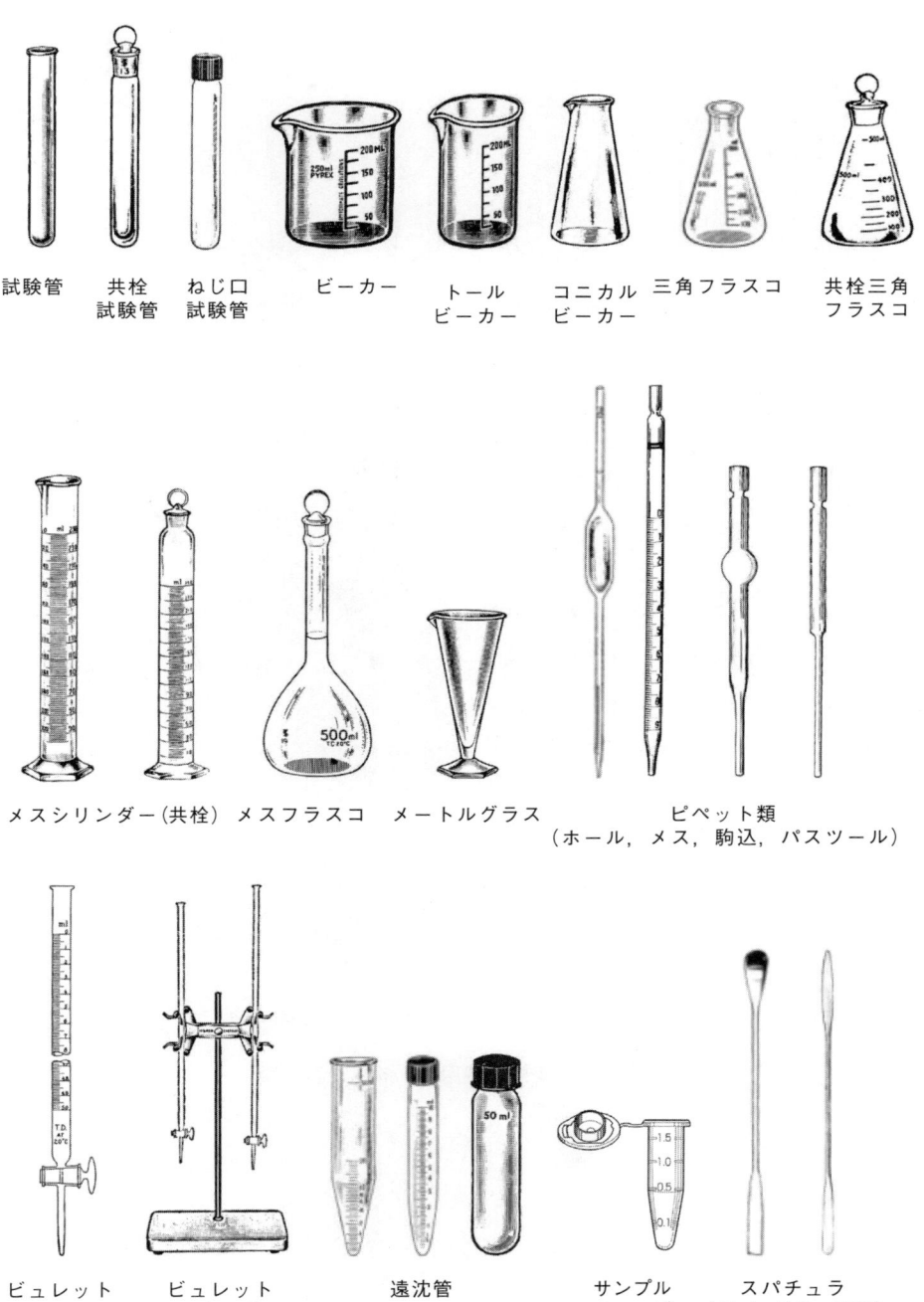

図 1-1a　実験で使用される主な器具類

第1章　実験にあたっての予備知識

図 1-1b　実験で使用される主な器具類

1-2-2 ピペット

微量(マイクロ)ピペット

生化学の実験ではしばしば微量の試料を測り取らなければならない場合がある。μLオーダーの微量試料を測り取るには，マイクロピペット(右図)やマイクロシリンジを使うと便利である。

マイクロピペットでの一定容量の取り方は右図のように二とおりの方法があるが，上図の操作法(フォワード法)が一般的である。下図のリバース法は泡立ちやすい試料や微量分注に使われる。溶液の出し入れはゆっくりと行わなければならない。急激に溶液を吸い上げると(B→A)，溶液が本体の方に吸い上がってしまい，ピペット内部を汚染する原因となる。

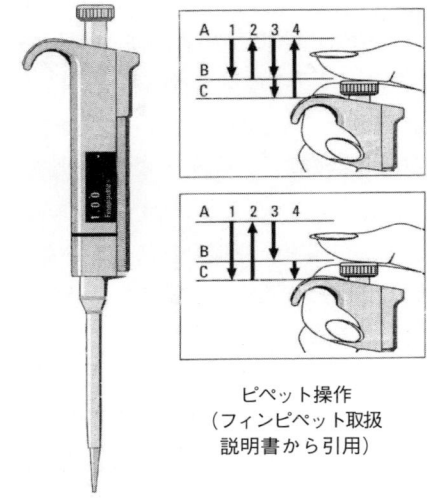

ピペット操作
(フィンピペット取扱説明書から引用)

図1-2 マイクロピペットと操作法

安全ピペッター

強酸や強アルカリ溶液あるいは有害な試薬を一定容量測り取る場合，ピペットを口で扱うことは危険である。このような場合，口で直接吸うことはせず，安全ピペッターを使うようにする。安全ピペッターにはいろいろな種類があるが，その一例を図示する。

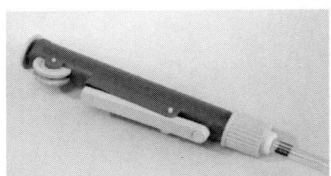

図1-3 安全ピペッター

使用法：上部にあるダイアルを回すことによってピストンが上がって溶液を吸い上げる。図の左側にみえるレバー上部を押すと空気が流入し，液が排出される。

1-2-3 天　秤

質量と重量

科学実験において，物質の重さを測定することは最も基本的な操作である。重さの表現には質量と重量とがあるが，それらの意味は異なり，前者は物理的に不変の量であるのに対して，後者は，地球の引力，地球の自転に生じる遠心力，他の天体の引力の影響を受けるため，場所と時間によって変動する量である。したがって，科学実験で必要なことは物質の質量を測定することであり，この操作を一般に秤量という。未知の質量 Mx は，既知の質量 Ms と比較することによってはじめて測定できるものであり，この比較を行うことができるのが天秤である。

$$Mx \cdot g \cdot l_1 = Ms \cdot g \cdot l_2$$

（g：重力の加速度，l：天秤のさおの長さ）

　天秤で質量を測定するには，「質量」を定義する必要がある。国際的に広く承認されている（国際単位系，SI 単位系）質量の定義は「プラチナ 90％，イリジウム 10％からなる筒状のおもり（キログラム原器）の質量を 1 kg とする」ことである。したがって，Ms はこの定義に基づいて作られている分銅のことである。

天秤の仕組み

　従来の化学天秤は，サオの左右の皿に置いた試料と分銅の重さを釣り合わせるという単純なかつ確実な原理を基にしていた。しかし，この天秤は測定に時間がかかり，しかも秤量しようとするものが重くなるほど感度が悪くなるという欠点があり，近年ではほとんど使われることはない。

　現在，多くの実験室で使われているのは電子天秤である。電子天秤には測定原理の違いから，大別して電磁式とロードセル式とがある。機械式天秤ではサオの片側に試料，もう片方に分銅を載せて釣り合った時の分銅の質量が試料の質量ということになるが，電磁式の電子天秤では，分銅の代わりに電磁力を加えてサオを釣り合わせ，その時の電流の大きさを検出して質量を求めている。ロードセル式の天秤では，試料を載せた時にロードセルに生じるひずみに起因する抵抗値の変化を電気量の変化として検出し，質量を求めている。

　電磁式の方がロードセル式のものよりも精度が高く，分析用天秤や超精密天秤などには電磁式が採用されている。秤量にどれだけの精度が必要なのかを考えて，天秤を使い分ける。一般的に，あるモル濃度の溶液を作るような場合は，少容量の調製でない限り，小数点以下 2 桁グラム，すなわち 10 mg のオーダーで測定できれば十分である場合が多い。

図 1-4　電子天秤（右は分析用電子天秤）

天秤使用上の注意

1) 直示天秤は振動や気流に対して敏感で，衝撃を与えると故障の原因となるので操作は静かに行うこと。必要に応じて，気流の影響を受けないよう風除カバーをする。
2) 天秤内は清潔な乾燥状態に保つこと。液体または腐食性の薬品をこぼした時は直ちに

3) 試料は秤量ビン，時計皿，あるいはその他のガラス容器に入れてはかり，変質しやすい薬品には薬包紙を使ってはいけない。
4) 秤量ビン等の試料容器を取り扱うにはトングやピンセットを使うか，手袋を着用したりガーゼで包んだりして扱うようにする。手指で直接触れると湿気や脂肪のため増量する。
5) 天秤の最大秤量以上に重いものを試料皿にのせてはならない。秤量物は皿の中央に置く。
6) 秤量物の温度が室温まで下がってからはかる。

1-2-4 遠心分離

遠心分離の条件を示すのに，回転数(rpm ; revolutions per minute)を用いて示す場合と，重力加速度(× g)を用いる場合がある。回転数が指示されていても，ローターの種類によって回転軸から試料までの距離が異なるので，試料にかかる重力加速度が異なることになる。試料の沈降速度は重力加速度に依存するので，遠心分離の条件は，本来は重力加速度で表記すべきであるが，単に沈殿を得るというような場合は，実用上，回転数(rpm)で表記しても大きな問題はない。

遠心分離では，遠心加速度の単位として，重力加速度との比で表した「相対加速度」(RCF: Relative Centrifugal Force)を用い，例えば，"2,000 × g"のように表される。

ある物質が回転軸を中心に，1分間あたりN回転しているとすると，

$$\frac{遠心加速度}{重力加速度} = r \times \left[\frac{2\pi N}{60}\right]^2 \times \frac{1}{980.665}$$

となり，これを整理すると，下式のようになり，この式から加速度を回転数に換算できる。

$$RCF(\times g) = 1118 \times r \times N^2 \times 10^{-8} である$$

ここで，rは回転半径(cm)，Nは1分間あたりの回転数(rpm)である。

遠心分離機のローターにはアングル型(固定角)とスイング型(図1-5参照)とがあるが，いずれの場合も，遠心分離を行う際は回転軸に対して対称の位置に試料をセットし，かつ対称の位置にある試料のバランスをとる(同じ重さにする)ことが大事である。アンバランスの状態で回転させると，大変危険である。また，スイング型のローターを使う場合は，試料を入れるアセンブリの中心軸に対しても対称となるように試料をセットしなければならない。例えば，8本の遠心管をセットできるアセンブリに6本の遠心管をセットする場合，一例として，図のようにセットする。

第1章　実験にあたっての予備知識

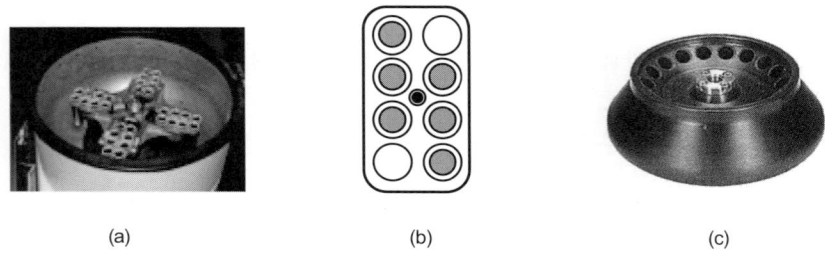

図1-5　遠心分離機のローター
(a) スイング型，(b) アセンブリでの遠心管のセット例，(c) アングル型

1-2-5　ホモジナイザー

　組織から生体成分を抽出する場合，組織を細かく均質化することが必要となり，この操作をホモジナイズといい，均質化するための装置をホモジナイザーという。均質化された試料をホモジェネイトという。

　ホモジナイズするのに先立って，試料をある程度細切しなければならないが，少量の場合はハサミを使い，比較的大量の組織を細切するには肉挽機が便利である。

　ホモジナイザーには図1-6に示すように幾つかの種類がある。(a)はポリトロンと呼ばれるタイプのホモジナイザーで，回転軸と外筒との間に試料を巻き込むことによってホモジナイズされる。(b)と(c)は回転刃によって細切するホモジナイザーであり，特に(c)のタイプはワーリング・ブレンダーと呼ばれる。(d)はポッター型(テフロン)ホモジナイザーと呼ばれ，ガラス筒に試料液を入れて，シャフトのテフロン部を回転させながら上下させることによってガラス壁面との隙間を試料が通って均質化される。シャフトは手動またはモーターに取り付けて動かす。

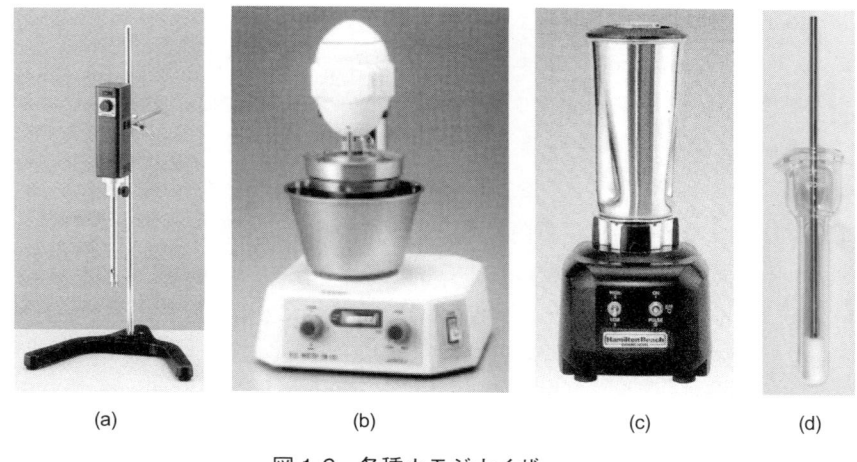

図1-6　各種ホモジナイザー

1-2-6 ガスバーナー

実験室で普通用いられるのはブンゼンバーナーを改良したテクルバーナー（図1-7）である。ガスバーナーを使用する際には，近くに引火性の薬品がないことを確認する。ガスバーナーを取り扱う場合に大切なことは炎の調節である。始めて使用する際にはバーナーのネジ部分にワセリンを塗って回転を良くしておく。着火するときには元栓が開いているかを確認後，A（空気孔）とB（ガス孔）をゆっくり回してマッチの炎を近づけ火を付ける。次に，Aを回して空気を入れ青白い炎（酸化炎）にして使用する。赤い炎（還元炎）の時は，空気が不足しているのですぐAを回して空気を入れ青白い炎にする。炎の大きさはAとBを操作して調節する。空気を入れすぎると炎が消えたり，筒内燃焼を起こしたりして，火災や火傷の原因となるので，炎が筒内に引き込まれたらただちに元栓を止め，バーナーを冷やしてから再使用する。実験終了時にはA，B，元栓の順序で閉める。

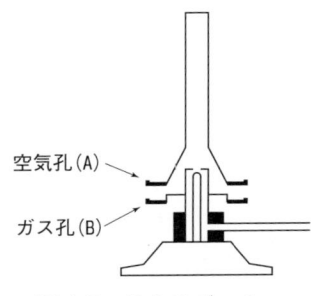

図1-7　テクルバーナー

1-3　実験データの処理

実験結果は，数値で表現されることが多く，内容の理解と数値表現は密接に関連している。数値の有効性はより正確に実験が行われたとしても，用いた器具の精度，操作の手順，測定装置の感度など，様々な要因で異なってくる。また，いくつかの操作が組合わさった時には，精度の悪い操作に正確さが規定される。必要以上に数値が並べられていたり，省略しすぎたりしないよう，数値表現について理解しなければならない。

数値表現

テキストの中で，例えば，「試料を 10 mL とる」という場合と，「試料を 10.0 mL とる」とう場合では，厳密にはその意味が異なる。一般に，表示されている最後の桁の数字を有効とし，前者は 9.5 〜 10.5 mL の範囲で測り取ることを，後者は 9.95 〜 10.05 mL の範囲で測り取ることを意味している。

数値表現される実験結果には，常に誤差が含まれていると考えてよい。したがって，加減計算においては，「すべての数字の中で絶対誤差の最大のものに注目し，その桁数より1桁多く計算して四捨五入したものを結果の数字とする」に準じて結果を表現する。以下の①と②の例を参考にして末尾処理を行うとよい。

乗除計算では，「正確度の最低（相対誤差が最大）の数値に支配される」ので，相対誤差の大きいものに注目する。たとえば，③の例では 1.70 の方が正確度が低い（$0.005 \div 1.70 \times 100 = 0.29\%$）ので，計算結果の数値にも最大 0.29% の誤差が含まれるように桁数を合わせなければならない。答えの 15.4870 の桁数を整理して 15.5 とすると，この数値の正確度である 0.32%（$0.05 \div 15.5 \times 100$）の中に 0.29% の誤差は含まれるようになる。

第1章　実験にあたっての予備知識

	①	0.345	②	256	③	9.11	④	1.1507
		−0.0231		+ 3.24		× 1.70		÷ 4.15
		0.3219		259.24		15.4870		0.27728...
処理値		0.322		259		15.5		0.277

なお，計算の誤差には，「和，差の絶対誤差は最大でも，2数の絶対誤差の和に等しい」，「積，商の相対誤差は最大でも，2数の相対誤差の和に等しい」という法則があり，誤差範囲を求めて表現してもよい。

測定値と真の値

得られた測定値は十分検討される必要がある。上述のように，測定値には試薬の調製，試料の分取，反応の割合，使用測定機器などによって誤差が生じ，操作が複雑になるほど誤差の要因は多くなる。さらに，避けられない誤差として精度（バラツキの程度）の問題もある。

実際の測定値のバラツキの程度（精度）を示す表現として，試料標準偏差が用いられる。統計的に標準偏差 (σ_{n-1}) は，測定回数を n，個々の測定値を x_i，平均値を $\bar{x}$ とすると次のように与えられ，

$$\sigma_{n-1} = \sqrt{\sum (x_i - \bar{x})^2 / (n-1)}$$

最終的なデータは，平均±標準偏差 (n = 試料数) で表示する。測定を5回繰り返して次のデータを得た場合，以下のように処理され表示される。

	x_i	$(x_i - \bar{x})$	$(x_i - \bar{x})^2$
1回目	13.54	0.086	0.007396
2回目	13.45	−0.004	0.000016
3回目	13.36	−0.094	0.008836
4回目	13.44	−0.014	0.000196
5回目	13.48	0.026	0.000676
平均 ($\bar{x}$) =13.454		$\sum (x_i - \bar{x})^2 = 0.017120$	

$$\sigma_{n-1} = \sqrt{0.01712/(5-1)} = 0.065$$

この例では，13.45 ± 0.07 (n = 5) と表示される。

検量線の作成

ある溶液の濃度を吸光光度法で求める場合は，試料溶液と同じ操作で処理した4～5段階の既知濃度溶液の吸光度（発色の程度を示す）を測定し，それらをグラフにプロットする。すべての点から最も近いところを通る直線（一次回帰直線）が検量線である。グラフを基に試料溶液の吸光度を検量線に交差させて濃度を求める。

また，検量線は $y = a + bx$ で表される一次式であり，濃度を x，吸光度を y として最小

自乗法によって，傾き b，y 切片 a を求め，直線の方程式 $y = a + bx$ から未知試料の吸光度を y に代入することによって，x すなわち濃度が算出できる。また，直線の信頼性の尺度となる相関係数 r も求めておく。一次回帰式を求めるには，関数電卓を使うか，パソコン用の適当なソフトを使うと便利である。

以下にビウレット法によるタンパク質濃度の測定結果での処理例を示す。試料溶液の濃度は以下のように求められる。ただし，水の吸光度を 0.000 とした時の測定値である。

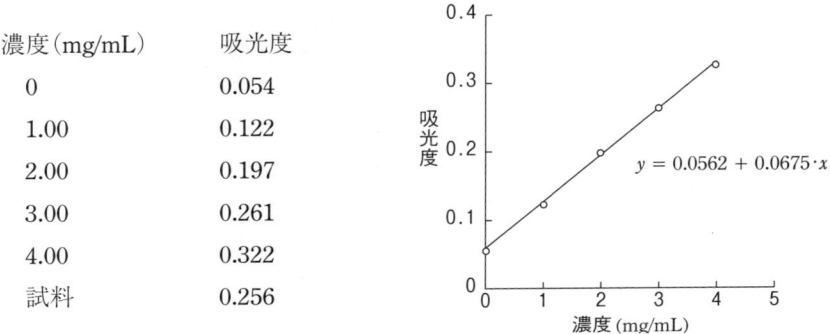

濃度(mg/mL)	吸光度
0	0.054
1.00	0.122
2.00	0.197
3.00	0.261
4.00	0.322
試料	0.256

最小自乗法により，$a = 0.0562$，$b = 0.0675$，$r = 0.9993$ が求められる。したがって，検量線の式は，$y = 0.0562 + 0.0675 \cdot x$ となる。未知試料の吸光度は 0.256 であるので，これを y に代入すると，$0.256 = 0.0562 + 0.0675 \cdot x$ であり，x(濃度)を求めると，2.96 mg/mL となる。

検量線の相関係数は 0.999 以上であることが望ましく，それ以下の値だと信頼性が低くなる。

1-4 実験の記録とレポートの作成

優れた研究も論文としてまとめられ，公表されなければその価値は認められない。実験もその結果がレポートにまとめられてはじめて完了する。したがってどのような実験においても実験の理論や操作法の学習と同じように，レポートの書き方も大切である。誰でもはじめから立派なレポートが書けるわけではない。練習と経験が必要である。実験の経過を良く観察して正確に記録し，結果を整理して検討し，考察を加える。そして，文章表現や構成に工夫をこらしながらレポートを作成する。そうすることによって実験の趣旨を深く理解し，次の実験への貴重な教訓も得ることができる。

実験の記録

レポートを書くために最も重要なのは実験の正確な記録である。実験中の観察事項や得られた結果は，その場その場で記録するものであり，後で思い出して書くものではない。専用の実験ノートを用いてできるだけ多くの事を正確に記録すべきである。消しゴムは使用しないで，訂正部分は線を引いておく。以下に実験ノートの書き方の順を追って説明す

る。

〔実験を開始する前に〕
 (1) 実験題目を新しいページに大きくはっきり書く。
 (2) 実験の目的，原理(反応式なども)，使用する試薬名やその性質，器具，機器（必要ならその装置図），反応条件，操作法(フローチャートの形式で書くのもよい)および参考文献などを書く。テキストがあっても，これらの事項を自分のノートに記録することによって，実験の目的や原理についての理解が深まるとともに，実験を進める上での要点や注意すべき点が整理できる。実験には予習が最も大切である。
 (3) 実験日，曜日，天候，必要ならば室温や湿度などの環境条件も書く。

〔実験中には〕
 (4) 観察事項や結果はただちに記録する。たとえ原因不明の現象が起こっても，観察したままに記録しておく。後で説明ができる場合も多い。
 (5) 観察事項や測定値の整理，計算をした上で結果の妥当性を目的や原理に照らして検討し，再実験が必要か否かを判断する。

〔実験が終了したら〕
 (6) 実験結果に基づき結論的考察を加える。また，反省事項なども記録する。

レポートの作成

　レポートは単なる実験記録ではない。第3者が読んで，「実験者が何を目的として，どんな方法で，どのような結果を得，そしてどのように結論したか」が理解できるように記述されていなければならない。さらに，第3者が，そのレポート手にして追試ができる必要がある。読者を想定して，ていねいに，正確に，そしてわかりやすく書くことが大切である。一般には以下のような項目順に記述する。
 (1) 実験題目
 (2) 年月日・期間，天候など
 (3) 実験者氏名・協力者氏名
 (4) 実験目的：テキストに記載されている目的をそのまま書き写すのではなく，自分の考えも織り込んで記述する。大切な練習の1つである。「原理」はこの項目の中で記述しても良いし，新たに項目を設けて記してもよい。
 (5) 実験方法：使用した試料，試薬，器具，装置や反応条件，操作法などを書く。その際に注意しなければならないことは，読者が同じ実験を再現するに必要な事項を漏らさず書くことである。たとえば試薬溶液の濃度，pH，溶媒，あるいは反応時間や温度などである。しばしば見られる悪い例の1つは，「……沈殿が得られたならば……」などと，テキストの内容をそのまま書き写すことである。実験者は実験の経過を実際に観察したはずであるので，実験方法はその事実に基づいて書く必要がある。
 (6) 実験結果：結果は図や表で表現した方が，その内容を読者にわかりやすく伝えることができる場合が多い。図表での表現を工夫することが大切である。ただし，図や

表には，それが何についての実験データであるかが一見してわかるように，必ずタイトルや軸の表示・値を書き，脚注に実験条件などの必要事項を記載する。結果を数値で表わす実験では，測定値の読み取り，計算および結果の表現は有効数字に注意しなければならない。

(7) 結論および考察：結論と考察は項目を分けて記述してもよいし，一緒に記述してもよい。「結論」は「目的」に対応させて書くように努める。「考察」は**単なる感想ではない**。結果・結論の妥当性や，失敗した場合にはその原因を，独断的にならないように注意しながら，筋道を立てて解釈し，記述するようにしなければならない。教科書や参考書に記載されている衆知の事実と比較したり，できれば実験前の予想と比べたり，実際に得られた結果・結論との一致や相違点を検討するのが良い考察となる。また，実験に関連して調べたことをまとめて比較検討することも重要である。

(8) 参考書・参考文献：実験者が利用した参考書や参考文献については，読者が望めばそれを入手するための必要事項が記載されなければならない。参考書の場合は，著者名，書名，頁，出版社および出版年を，参考文献の場合は，著者名，論文題名，雑誌名，巻（号），頁および発行年などである。

> **コラム**
>
> 「調製」と「調整」の使い分け
> 　この2つの言葉は日本語での読みは同じであるが，英語では，調製は preparation（動詞は prepare），また，調整は adjustment（動詞は ajust）と全く異なった単語である。「調製」は，タンパク質のような生体試料を抽出・精製したり，溶液を作ったり，何かを作製するような場合に用い，一方，「調整」は，溶液の pH や濃度を所定の値に合わせたり，分光光度計の0点合わせをするというように機器を使用可能な状態にするというような場合に使う。

2 基礎実験

2-1 溶液の濃度ならびに調製法

2-1-1 水の精製

溶液を作るには溶質を溶媒に溶かすことになるが，溶媒として一般に使われるのは，水である。水道水や地下水には種々の無機塩類のような不純物が含まれているので，そのまま実験に用いることはできない。水を精製するには，蒸留法，イオン交換法，逆浸透法などがあり，これらの方法で精製された水は，蒸留水，脱イオン水，精製水，あるいは純水などと呼ばれる。また，これらの方法を組み合わせて水を精製することも良く行われている。精製した水を空気にさらした状態で放置すると，空気中の二酸化炭素を吸収して弱酸性を示すようになる。二酸化炭素を含まない水にするためには，使用前に煮沸することによって二酸化炭素を追い出す。本書で，単に「水」と記してある場合でも，特に断らないかぎり，いずれかの方法で精製された水を意味する。

2-1-2 生化学実験で使われる単位

SI（国際単位系）基本単位としては，長さのメートル(m)，質量のキログラム(kg)，時間の秒(s)，物質量のモル(mol)，温度のケルビン(K)，電流のアンペア(A)，光度のカンデラ(cd)の7つがあり，他のすべての単位はこれに基づいて導かれる。

生化学の実験では，体積，質量，長さ，時間，物質量などの単位が使われることが多く，体積はリットル(lまたはL)，質量はグラム(g)が一般に使われる。体積はSI基本単位にはないが，1リットル(L) = 1 dm^3 = $10^{-3} m^3$ である。

2-1-3 SI接頭語

上記のSI単位をそのまま使うと，時には数字が大きすぎたり，逆に小さすぎることがある。このような場合，ゼロの連続を避け，桁数の少ない数値として表現するために，適当な接頭語を付けることが行われる。主なSI接頭語を下表に示す

大きな単位			小さな単位		
倍率	接頭語	記号	倍率	接頭語	記号
10^3	キロ	k	10^{-3}	ミリ	m
10^6	メガ	M	10^{-6}	マイクロ	μ
10^9	ギガ	G	10^{-9}	ナノ	n
10^{12}	テラ	T	10^{-12}	ピコ	p

この表から分かるように，SI接頭語は，10^3 あるいは 10^{-3} ごとに変わる。例えば，0.0003 L = 0.3 × 10^{-3} L = 0.3 mL，あるいは 0.0003 L = 300 × 10^{-6} L = 300 μL である。

なお，体積の場合はデシ(d)＝10^{-1}，長さの場合にはセンチ(c)＝10^{-2} という接頭語も使われる。

2-1-4 溶液の濃度

液体状態にある均一な混合物を溶液(solution)という。溶液は，ある液体に他の液体や固体あるいは気体を溶解してつくられる。物質を溶解させるもとになる液体を溶媒(solvent)，溶解している物質を溶質(solute)という。溶媒に固体が溶けずに微粒子として分散している場合は懸濁液(suspension)という。

溶液の濃度を表すには，以下のような表記法がある。

％濃度（百分率濃度）

1) 重量百分率（weight percentage, w/w％）
   溶液 100 g 中の溶質の g 数で表わした濃度をいう。
2) 重量容量百分率（weight-volume percentage, w/v％）
   溶液 100 mL 中に含まれる溶質の g 数で表わした濃度をいう。これは，g/dL と同じである。
3) 容量百分率（volume percentage, v/v％）
   溶液 100 mL 中の溶質（液体）の mL 数で表わした濃度をいう。
   例：2％(w/w) NaCl；2 g の NaCl と 98 g の水を混合する。
   　　2％(w/v) NaCl；2 g の NaCl に水を加えて溶解させて容量を 100 mL とする。
   　　2％(v/v) 酢酸；2 mL の酢酸に水を加えて容量を 100 mL とする。

モル濃度（mol/L, M）

溶液 1 L 中に含まれる溶質の量をモル*数で表わした濃度をモル濃度といい，mol/L あるいは，一般的には M(molar という)で表記する。

> *モル(mol, mole)：^{12}C の 12 g 中に含まれる原子の数(アボガドロ数 ≒ 6.02×10^{23})に等しい個数の化学的単位を含んでいる物質量を 1 モルという。
> ある物質の分子量に g をつけた質量を計り取ると 1 モルということになる。
> 　例：1 モルの KCl(分子量 74.56)は 74.56 g
> 　　　1 モルのアルブミン(分子量 68,000)は 68 kg

あるモル濃度の溶液を調製する場合，例として，0.5 M NaCl 溶液を調製するには，0.5 mol の NaCl(MW：58.44)，すなわち 29.22 g の NaCl を水に溶かして，最終容量を 1 L とする。

注 1 L の水に溶かすのではない。もし，1 L の水に NaCl を溶解させたならば，その溶液の最終容量は 1 L を越えてしまう。

2 つ以上の溶質を含む溶液の場合も，個々の試薬の ［分子量×濃度(M)］g を秤量し，合

わせて，800〜900 mL 程度の水を加えて溶解させ，さらに水を加えて最終容量を 1 L とする。

規定度（N；normality，当量濃度）

溶液 1 L 中の溶質のグラム当量数で示される。溶液 1 L 中に溶質の 1 グラム当量を含む溶液の濃度を 1 規定(N)とする。なお，当量＝分子量／価数であり，価数とは，例えば酸化還元反応では，反応にあずかるその物質 1 モルが授受する電子のモル数と定義される。

なお，これまで規定度は容量分析で使われることが多かったが，計量法では規定度ではなく，モル濃度を使用するよう定めている。

重量濃度

タンパク質や核酸の濃度のように一定の組成をもっていない物質の濃度を表す場合に，単位体積中の重量で表し，一般に mg/mL という単位が使われる。

ppm（parts per million；百万分率）

100 万分の 1 単位を 1 ppm という。例えば，1 kg 中に 1 mg 含まれるような場合である。また，ppb(parts per billion；十億分率)といった単位も使われることがある。

2-1-5 溶液の希釈法

あらかじめ濃度の高い原液(stock solution)を調製しておくと，それより低い濃度の溶液は，原液を適当に希釈することによって得られるので，その都度試薬を量って溶液を調製するという手間が省けて便利である。

例えば，3 M KCl という原液を用いて，0.5 M KCl 溶液を 500 mL 調製する場合を考えてみよう。0.5 M KCl とは 1 L 中に 0.5 mol の KCl を含む溶液であるから，500 mL の 0.5 M KCl 溶液に含まれる KCl のモル数は，0.5(M)×0.5(L)＝0.25 mol となる。3 M KCl 溶液とは 3 mol/L であるから，0.25 mol の KCl に相当する 3 M KCl の容量は 0.25/3＝0.0833 L ＝83.3 mL となる。すなわち，必要な 3 M KCl の容量を x(L)とおくと，0.5(M)×0.5(L) ＝3(M)×x(L)という式が成立つ。これより，83.3 mL の 3 M KCl をメスシリンダーに取って，500 mL まで水を加えて混合することによって 0.5 M KCl 溶液を調製することができる。

また，溶液の希釈においては，2 倍希釈，3 倍希釈，… という表現があるが，2 倍希釈では，原液に対して等量の水を加えて混合し，3 倍希釈では原液 1 に対して 2 倍容量の水を加えることになる。

2-1-6 緩衝液（Buffer）

生化学の実験では，例えば酵素反応の測定を行うような場合，酵素反応は pH の影響を受けるので，反応液の pH を一定に保つことが必要になってくる。このように pH を一定に保つためには緩衝液が使われる。緩衝液は，必要とする pH に近い pK_a をもつ弱酸とその共役弱塩基を使って調製される。

調製例1：0.1 M カリウムリン酸緩衝液，pH 7.0 を 1 L 調製する場合

K-リン酸緩衝液は，酸として KH_2PO_4，共役塩基として K_2HPO_4 から成る。

弱酸の pH は，Hendarson-Hasselbalch の式を使って求められる（2-2 滴定曲線での基礎知識の項を参照）。すなわち

$$pH = pK_a + \log \frac{[共役塩基]}{[共役酸]}$$

ここで，pH は 7.0，リン酸の pK_a は 7.2 である。上式からわかるとおり，pK_a は共役塩基と共役酸の濃度の比が 1 の時の pH である。

[共役酸]を[A]，[共役塩基]を[B]とおくと

$$7.0 = 7.2 + \log \frac{[B]}{[A]} \quad となる。$$

これより，$\log \frac{[B]}{[A]} = -0.2$

また，$[A] + [B] = 0.1 (M)$ である。

この連立方程式を解くと，[A]すなわち KH_2PO_4 の濃度は 0.061 M，[B]すなわち K_2HPO_4 の濃度は 0.039 M となる。

1 L の緩衝液を調製するには，8.30 g の KH_2PO_4（=136.09），6.79 g の K_2HPO_4（=174.18）を 1 L のビーカーに計り取って 900 mL 程度の水を加えて溶解させ，pH メーターで pH を確認し，pH が 7.0 からずれていれば HCl あるいは NaOH を加えて pH を 7.0 に調整した後，メスシリンダーに移して 1 L となるまで水を加える。

また，別法として次のような調製法も行われる。

0.1 mol の KH_2PO_4（= 136.09 g）を 1 L のビーカーに計り取り，800〜900 mL の水を加えて溶解させ，KOH を滴下して pH 7.0 に合わせ，さらに水を加えて 1 L とする。

調製例2：0.1 M Tris-HCl 緩衝液，pH 7.5 を 1 L 調製する場合

0.1 mol の Tris（正式名；2-amino-2-hydroxymethyl-1,3-propandiol），すなわち，12.114 g の Tris を 1 L のビーカーに計り取り，800〜900 mL 程度の水を加えて溶解させ，HCl を滴下しながら pH を 7.5 に合わせた後，メスシリンダーに移して全量を 1 L とする。

＜緩衝液を選択する際の注意＞

十分な緩衝作用は緩衝液成分の pK_a 値の ±1 の範囲の pH で得られ，この範囲を超えると緩衝能が期待できない。したがって，緩衝液を調製するにあたっては，使用する pH に近い pK_a 値をもつ弱酸を用いる。

また，緩衝液成分として使われる試薬には，二価の金属イオンと結合するものがあるので注意が必要である。例えば，リン酸は Ca^{2+} や Mg^{2+} と結合して不溶性の沈殿を形成する。また，クエン酸も Ca^{2+} と容易に結合する。このようなことから，酵素反応などでカルシウムやマグネシウムイオンの影響を調べる場合には，リン酸緩衝液やクエン酸緩衝液の使

用は不適切であり，金属イオンと結合しないような緩衝液成分を選択しなければならない。その他，Tris-HCl 緩衝液は，金属イオンとの結合はほとんどないものの，温度による pH 変化が大きい（$\Delta \mathrm{p}K_\mathrm{a}/℃ = -0.031$）ので，温度を変えて酵素活性を測定するように実験には向いていない。Tris-HCl 緩衝液以外の緩衝液でも温度による pH の変動がある（温度の上昇につれて，pH が高くなる）ので，厳密には，実験を行う温度で緩衝液の pH 調整を行うと良い。

　金属イオンとの結合や温度変化の影響の少ない緩衝液として，Good らが開発した Good buffer が生化学の研究では良く使われている。金属イオンとの結合のない Good buffer として代表的なものに，MES($\mathrm{p}K_\mathrm{a}$=6.15)，PIPES($\mathrm{p}K_\mathrm{a}$=6.80)，MOPS($\mathrm{p}K_\mathrm{a}$=7.20)，HEPES($\mathrm{p}K_\mathrm{a}$=7.55)，HEPPS($\mathrm{p}K_\mathrm{a}$=8.00) などがある。

2-2　滴定曲線 ― pH についての基礎知識 ―

　強塩基に強酸，あるいは弱塩基に弱酸を加えていった際の pH を測定し，グラフの横軸に添加塩基量，縦軸に pH をとって測定値をプロットしたものが滴定曲線である。
　本実験では pH メーターを用いて，強塩基の添加によって強酸あるいは弱酸の pH がどのように変化するか，滴定曲線の作成を試みる。

試　薬

0.1 M HCl，0.1 M 酢酸，0.1 M NaOH

器具・装置

25 mL ビュレット，50 mL ビーカー，20 mL ホールピペット，pH メーター

操　作

1. 0.1 M HCl または 0.1 M 酢酸 20 mL をピペットを用いて 50 mL のビーカーに入れ，pH メーターの電極を浸けて pH を測定する。
2. この溶液にビュレットより 0.1 M NaOH を滴下し，2 mL 加えるごとによく撹拌して pH メーターで溶液の pH を測定する。ただし，滴定の終点付近では，pH の変化が大きくなるので，19.5 mL 以上では 0.1 mL 滴下する毎に測定する。
3. グラフの横軸に 0.1 M NaOH の滴下量(mL)，縦軸に pH を目盛って滴定曲線を書く。また，各滴定点での pH を以下の＜基礎知識＞の項で述べる方法で計算して理論曲線を描き，実測値と比較する。

備　考

　当量点においては 1 滴の滴下で著しい pH 変化が起こる。滴定開始前に適当な指示薬(フェノールフタレンなど)を入れておくと，当量点付近で変色が観察される。

課　題

1. 得られた滴定曲線より酢酸の解離定数(pK_a)を求める。
2. 二塩基酸(例えば，炭酸)の強塩基による滴定曲線を求めてみる。
3. アミノ酸は両性イオン(酸としても塩基としても働く)であるが，アミノ酸溶液を酸ならびに塩基によって滴定し，滴定曲線を作製する。これから，アミノ酸側鎖の種類の違いが滴定曲線にどのように影響するかを考察する。

――――――――――― 基 礎 知 識 ―――――――――――

1　水の解離

　水は非常にわずかであるが，オキソニウムイオン(H_3O^+)と水酸イオン(OH^-)に解離している。

$$2H_2O \rightleftharpoons H_3O^+ + OH^-$$

　簡略化のためにオキソニウムイオンは単に水素イオン(H^+)(プロトンという)として記される場合が多い。すなわち

第2章 基礎実験

$$H_2O \rightleftarrows H^+ + OH^-$$

水の解離に対する解離定数 K は次のように表され，25℃では 1.8×10^{-16} である。

$$K = \frac{[H^+][OH^-]}{[H_2O]} = 1.8 \times 10^{-16}$$

純水のモル濃度は，1000/18 = 55.6 M であり，この濃度は $[H^+]$ や $[OH^-]$ に比べて圧倒的に高いので，$[H_2O]$ は一定とみなせる。そこで $K \cdot [H_2O] = K_W$ とおき

$$K_W = [H^+][OH^-] = 1.8 \times 10^{-16} \times 55.6 = 1.00 \times 10^{-14}$$

と書くことができる。ここで K_W を水のイオン積と呼ぶ。

水が解離するとき，H^+ と OH^- は同数生じるから，純水中では，$[H^+] = [OH^-] = 10^{-7}$ となる。このような数値（濃度）は非常に小さくて扱いにくいので，pH という概念が考案された。pH とは，水素イオン濃度の負の対数と定義される。すなわち

$$pH = -\log[H^+] \quad (実際には，pH = -\log[H_3O^+])$$

25℃の水では，$pH = -\log[H^+] = -\log 10^{-7} = 7$ となる。

また，水酸イオン $[OH^-]$ 濃度の対数に負の記号をつけたものを pOH といい

$$pH + pOH = 14 \text{ である。}$$

2 強酸の強塩基による滴定での pH 変化の計算例

強酸とは，HCl のように水中で水素イオン（H^+）と共役塩基（Cl^-）とに完全に解離する化合物である。

$$HCl \longrightarrow H^+ + Cl^-$$

このため，強酸の希薄水溶液の水素イオン濃度は酸の濃度に等しい。例えば，0.01 M HCl の pH は，$-\log 10^{-2} = 2$ となる。

以下に，10 mL の 0.1 M HCl を 0.1 M NaOH で滴定する場合の pH 変化の計算例を示す。

(a) 最初の pH

$$[H^+] = 0.1 \text{ mol/L} = 1 \times 10^{-1} \text{ mol/L}$$
$$pH = -\log(1 \times 10^{-1}) = 1$$

(b) 0.1 M NaOH を 4 mL 添加した場合

4 mL の 0.1 M HCl が中和され，全部で 14 mL の容量中に 6 mL の 0.1 M HCl が残ることになる。

$$HCl \text{ のモル濃度} = (6/14) \times 0.1 = 4.29 \times 10^{-2} \text{ mol/L}$$
$$pH = -\log(4.29 \times 10^{-2}) = 1.37$$

(c) 0.1 M NaOH を 10.1 mL 添加した場合

HCl はすべて中和され，0.1 M NaOH が 0.1 mL 残り，全容量は 20.1 mL となる。中和点を超えた点での pH は過剰の OH^- の濃度から計算される。

$$NaOH \text{ のモル濃度} = (0.1/20.1) \times 0.1 = 4.98 \times 10^{-4} \text{ mol/L}$$
$$[OH^-] = 4.98 \times 10^{-4}$$

$$[\text{H}^+] = K_\text{W}/[\text{OH}^-] = 10^{-14}/(4.98 \times 10^{-4}) = 2.00 \times 10^{-11}$$
$$\text{pH} = -\log(2.00 \times 10^{-11}) = 10.70$$

3 弱酸の強塩基による滴定でのpH変化の計算例

弱酸は強酸とは違って溶液中でわずかしか解離せず，酸と共役塩基との間に平衡が成り立っている。弱酸をHAと表すと

$$\text{HA} \rightleftarrows \text{H}^+ + \text{A}^- \quad (\text{正式には，HA} + \text{H}_2\text{O} \rightleftarrows \text{H}_3\text{O}^+ + \text{A}^-)$$

弱酸の解離定数 K_a（a は acid 酸を意味）は次のように定義される。

$$K_\text{a} = \frac{[\text{H}^+][\text{A}^-]}{[\text{HA}]} \quad \text{すなわち，} [\text{H}^+] = \frac{K_\text{a}[\text{HA}]}{[\text{A}^-]} \quad \cdots\cdots (1)$$

また，弱塩基（溶液中でわずかに解離して，OH^- を出す）の解離は

$$\text{A}^- + \text{H}_2\text{O} \rightleftarrows \text{HA} + \text{OH}^-$$

これより，$K_\text{eq} = \dfrac{[\text{HA}][\text{OH}^-]}{[\text{A}^-][\text{H}_2\text{O}]}$

$K_\text{eq} \cdot [\text{H}_2\text{O}] = K_\text{b}$ とおくと，（すなわち，K_b は弱塩基の解離定数；b は base 塩基を意味している）

$$K_\text{b} = \frac{[\text{HA}][\text{OH}^-]}{[\text{A}^-]}$$

$K_\text{a} \times K_\text{b} = K_\text{W}$　これより，$\text{p}K_\text{a} + \text{p}K_\text{b} = -\log K_\text{W} = 14$

(1)式の負の対数をとると

$$-\log[\text{H}^+] = -\log K_\text{a} - \log\frac{[\text{HA}]}{[\text{A}^-]} \quad \text{となる。}$$

これを一般式で表すと

$$\text{pH} = \text{p}K_\text{a} + \log\frac{[共役塩基]}{[酸]} \quad \text{となる。}$$

これが弱酸のpHの定義式であり，Henderson-Hasselbalchの式という。

以下に，0.1 M CH_3COOH 10 mL を 0.1 M NaOH で滴定する場合のpHを計算によって求める例を以下に示す。

滴定の両端では塩基と酸の比が零または無限大となるのでHenderson-Hasselbalchの式は使えないが，滴定の途中ではHenderson-Hasselbalchの式で計算できる。

(a) 滴定前のpH

酢酸が解離すると等モルの酢酸イオンとプロトンができる。

$$\text{CH}_3\text{COOH} \rightleftarrows \text{CH}_3\text{COO}^- + \text{H}^+$$

酢酸イオンとプロトンの濃度を x とし，はじめの酢酸の濃度を c とすれば

$$K_\text{a} = \frac{[\text{H}^+][\text{A}^-]}{[\text{HA}]} \quad \text{の式から，} K_\text{a} = \frac{x^2}{(c-x)} \quad \text{となる。}$$

$$x^2 = K_a(c-x)$$

ここで，酢酸の解離はごくわずかであるので，$(c-x)$ は c と等しいと考えて良い。すなわち

酢酸の K_a は 1.8×10^{-5}，酢酸濃度は 0.1 M なので，$x = 1.3 \times 10^{-3}$ となる。
$x = [H^+]$ であるから，pH $= -\log(1.3 \times 10^{-3}) = 2.89$ となる。

(b) 滴定の途中

滴定中は以下の反応が起こっている。

$$CH_3COOH + NaOH \longrightarrow CH_3COO^- + H_2O + Na^+$$

滴定中の pH は，Henderson-Hasselbalch の式から計算できる。

$$pH = pK_a + \log([A^-]/[HA])$$

例えば，0.1 M NaOH を 4 mL 加えた場合，容量は 14 mL となり，その中で，$A^-(CH_3COO^-)$ 濃度は $(4/14) \times 0.1$ (M) であり，残っている $HA(CH_3COOH)$ 濃度は，$(6/14) \times 0.1$ (M) となっている。ゆえに

$$pH = -\log(1.8 \times 10^{-5}) + \log[(4/140)/(6/140)]$$
$$= 4.74 - 0.176 = 4.56$$

(c) 滴定の最後（0.1 M NaOH を 10 mL 加えた場合）

滴定の最後には 0.05 M CH_3COONa が 20 mL できる。

この時の平衡は，$CH_3COO^- + H_2O \rightleftharpoons CH_3COOH + OH^-$

$$K_b = [HA][OH^-]/[A^-]$$

$[OH^-] = [HA] = x$，$[A^-] = c$ とおくと，$K_b = \dfrac{x^2}{c}$

$$x = \sqrt{K_b \cdot c}$$

$K_b = K_w/K_a$ より，$K_b = (1 \times 10^{-14})/(1.8 \times 10^{-5}) = 5.6 \times 10^{-10}$

$$x = \sqrt{5.6 \times 10^{-10} \times 0.05} = 5.3 \times 10^{-6} M$$

pOH $= -\log(5.3 \times 10^{-6}) = 5.28$　ゆえに，pH $= 14 - 5.28 = 8.72$

2-3　分光光度法

　光は波としての性質をもち，その波長によって紫外線(200 ～ 380 nm)，可視光線(380 ～ 780 nm)，赤外線(780 ～ 1000 nm)などに分かれる。可視光線の波長と色の関係を右表に示した。

　呈色物質を含む溶液では，その濃度が高くなるほど光の吸収度合いは大きくなるので，色の濃淡から濃度の高低を知ることができる。光をプリズムや回折格子で分光して任意の波長の光を取り出し，その光の試料溶液による吸収を測定することによって濃度を測定する手法を分光(吸光)光度法という。この方法は可視光のみならず紫外線や赤外線にも

波長範囲 (nm)	対応色	補色（余色）
605 ～ 780	赤	青緑
595 ～ 605	橙	緑青
580 ～ 595	黄	青
560 ～ 580	黄緑	紫
500 ～ 560	緑	赤紫
490 ～ 500	青緑	赤
480 ～ 490	緑青	橙
435 ～ 480	青	黄
380 ～ 435	紫	黄緑

利用可能なので，呈色物質ばかりでなく紫外線や赤外線を吸収する物質の定性や定量にも応用できる。

2-3-1　分光光度法の原理

　ある波長の光が試料溶液を通過した時，その強度が I_0 から I に減少したとする。この時，透過度 T (Transmittance) は，$T = (I/I_0)$ と定義され，T×100(％)を透過率という。また，$\log(I_0/I) = A$ で表される A (Absorbance) を吸光度あるいは吸収といい，A は溶液の濃度 C と比例する (Beer の法則) とともに，溶液層の厚さ(光路長) l にも比例する (Lambert の法則)。これら 2 つの法則をまとめたものがランバート・ベール (Lambert-Beer) の法則である。すなわち

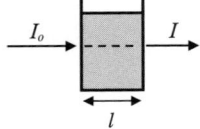

$$A = \log \frac{I_0}{I} = \log \frac{1}{T} = kCl \quad (1)$$

　この式において，l が 1 cm，C が 1 mol/L の時の k を特にモル吸光係数(ε)と呼ばれ，これは物質に固有の値である。したがって，ε が既知で，光路長 l が決まっていれば，吸光度 A を測定することによって溶液の濃度 C を求めることができる。

　吸光光度法においては通常，濃度既知の一連の溶液(標準溶液)を用いて，一定波長における各溶液の吸光度を測定し，濃度と吸光度の関係をグラフ化した検量線を作製して未知試料の吸光度をグラフにあてはめて濃度を求めることができる。また，グラフの傾きが k に相当するので，いったん検量線を作製して k を求めておけば，(1)式に吸光度を代入することによって濃度 C を算出することができる。なお，検量線の作製については，1-3 実験データの処理，p.10 を参照のこと。

　さらに，吸光光度法は物質の定性の手段としても用いられる。すなわち，波長を変えな

がら吸光度を測定し，波長に対して吸光度をプロットすると，化合物に特有の吸収曲線(吸収スペクトル)が描ける。吸収スペクトルにおいて，吸光度が最高になる波長を極大吸収波長あるいは吸収極大波長といって λ_{max} で表され，この波長における ε を ε_{max} と記す。

2-3-2　分光光度計の仕組み

分光光度計は右図のような仕組みになっている。光源からの光がミラーによって集光されてスリットを介して回折格子に当てられる。回折格子は分光器であり，ここで分光される。分光された特定の波長の光がスリットを通ってミラーに当てられ，その光はハーフミラーによって入射光を受光する検出器と，試料溶液を通った透過光が検出器によって受光される。受光された I_0 と I を基にして，吸光度(あるいは透過率)が表示される。

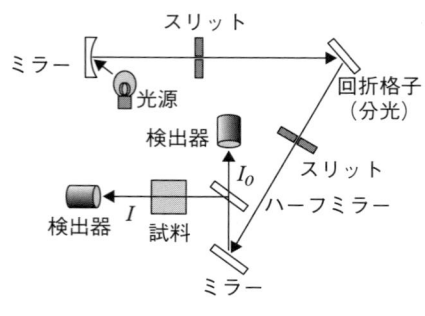

分光光度計には光路が 1 つのシングルビーム型と光路が 2 つのダブルビーム型とがある。ダブルビーム型では光路の 1 つには Reference(ブランク試料)が置かれ，他方に試料が置かれて，両者の差分の吸光度が計測される。

2-3-3　セ　　ル

分光光度計で試料溶液を入れる容器がセル(キュベットとも呼ばれる)である。セルにはガラス製のものと石英ガラス製のものがある(使い捨てのプラスティック製もある)。通常のガラスは紫外線を吸収するので，紫外域の波長での吸光度測定には使えない。紫外域での吸光度の測定には石英ガラス製セルを使わなければならない。

セルには透明な面と不透明な面とがあるが(ただし，蛍光測定用のセルは 4 面とも透明)，透明な面は光を透過させる面なので，手指で触れてはいけない。セルを持つ時は不透明な面をもつようにする。通常，セル底部の不透明面が丸味を帯びているものがガラス製，角のあるものが石英ガラス製である。セルはガラスを張り合わせて作られているので，衝撃に弱く，試験管の管口をセルにぶつけたりしないように注意する。セルへの溶液の出し入れにはパスツールピペットを使うと便利である。

セルの洗浄は，特に透過面を傷つけないように注意深く行わなければならない。クレンザーの使用は厳禁である。光路長の短いセルの洗浄には，パイプクリーナー(喫煙具のパイプ清掃用)や手芸用モールが便利である。

2-3-4　二種類の色素の吸収曲線

色素の混合液の吸収スペクトルを測定し，吸収極大の波長の違いから特定の成分の定量を試みる。

試料
メチルオレンジ（MO）ならびにブロムフェノールブルー（BPB）の 1 mg/dL 水溶液，MO・BPB 混合液。

器具・装置
分光光度計，セル，試験管，10 mL メスピペット，試験管ミキサー

操作

＜吸収スペクトルの作成＞

1. メチルオレンジ（MO）水溶液とブロムフェノールブルー（BPB）水溶液について，水をブランクとして，400 nm から 660 nm までの範囲で 10 nm ごとに吸光度を測定する。
2. 吸光度を縦軸，波長を横軸に取り，1 つのグラフにそれぞれの吸収スペクトルを重ねて描く。
3. 吸収スペクトルから MO，BPB の吸収極大波長を求める。

＜検量線の作成＞

4. 試験管 5 本の各々に BPB 標準液（1 mg/dL）を 0，1.0，2.0，3.0，4.0 mL とり，水を加えて 5.0 mL とし，良く撹拌する。
5. BPB の吸収極大波長で吸光度を測定し，横軸に濃度，縦軸に吸光度をとり検量線を作成する。

＜混合液中の BPB の定量＞

6. 吸収スペクトルを基にして測定に適した波長を選び，MO・BPB 混合液の吸光度を測定する。
7. 検量線から混合液中の BPB 濃度を求める。

課題
混合液中の BPB 濃度を求めることができるのはなぜか，分光光度法の原理と実験結果から説明せよ。

3 糖質に関する実験

3-1 糖質の定性反応

　定性分析では，ある試料の中に，ある特定の元素，基，あるいは化合物が含まれているかどうかを検出することに重きが置かれている。操作は通常試験管内で行われ，結果は呈色や沈殿の生成などによって判定される。

　糖質の定性反応では，単糖類や二糖類の多くがアルカリ性で金属塩を還元する性質があることを利用して検出する。糖質以外にも生体には還元性の物質が存在するので，還元反応による定性試験で反応が陽性であったとしても，必ずしも糖類が存在するとは限らない。そのため多くの呈色反応を組み合わせて行われる。

試　料

　スクロース，マルトース，ガラクトース，グルコース，フルクトース，リボース，キシロースの各々1％水溶液

器　具

　試験管，ピペット，フラスコ，ガスバーナー，三脚，金網

3-1-1 Benedict（ベネディクト）反応

原　理

　還元糖がアルカリ溶液中で銅を還元して，酸化第一銅（Cu_2O）の赤色沈殿を生じさせる。

$$2Cu^{2+} + RCHO + OH^- + H_2O \longrightarrow Cu_2O + RCOO^- + 4H^+$$

試　薬

　Benedict試薬：クエン酸ナトリウム173 g，無水炭酸ナトリウム100 gを水600 mLに溶解後，ろ過して水を加えて850 mLにする。さらに硫酸銅17.3 gを水100 mLに溶かしたものを加えて全量を1 Lにする。

操　作

1. 試験管にベネディクト試薬を5 mLずつ入れる。
2. それぞれの試験管に試料を1 mL加える。
3. 沸騰湯浴中で2分間加熱し，室温に放置し放冷する。
4. 溶液にどんな反応が起こっているかを観察する。

3-1-2 Bial（ビアル）反応

原　理

　五炭糖の分子内脱水の結果生じたフルフラールが，オルシノール（5-メチルレソルシノール，$CH_3C_6H_3(OH)_2$）と縮合して青緑色を呈する。

試薬
Bial 試薬：オルシン（オルシノール）1 g を濃塩酸 500 mL に溶解し，10％塩化第二鉄溶液を 2 mL 加える。
操作
1. 試験管にビアル試薬を 2 mL ずつ入れ，沸騰湯浴中で 2 分間加熱する。
2. それぞれの試験管に試料（各糖溶液）を 1 mL 加える。
3. 溶液にどんな反応が起こっているかを観察する。

3-1-3　Skatole（スカトール）反応
原理
六炭糖は濃塩酸と反応してオルガオキシメチルフルフラールを生成し，さらにスカトールと反応して紫色を呈する。
試薬
スカトール溶液：0.5％スカトール・アルコール溶液，濃塩酸
操作
1. 試験管に試料（各糖溶液）を 1 mL 入れる。
2. 濃塩酸を 4 mL およびスカトール溶液を 0.25 mL 加え，沸騰湯浴中で 2 分間加熱し，室温に放置し放冷する。
3. 溶液にどんな反応が起こっているかを観察する。

3-1-4　Seliwanoff（セリワノフ）反応
原理
ケトースは塩酸によってオキシメチルフルフラールを生成し，さらに酸性下でレゾルシンと反応して赤色沈殿を生じる。
試薬
Seliwanoff 試薬：レゾルシン 0.1 g を濃塩酸 50 mL に溶解し，同量の水で希釈する。
操作
1. 試験管にセリワノフ試薬を 3 mL 入れる。
2. それぞれの試験管に試料（各糖溶液）を 1 mL 加える。
3. 沸騰湯浴中で 30 秒〜1 分間加熱し，室温に放置し放冷する。
4. 溶液にどんな反応が起こっているかを観察する。
課題
1. 定性反応の利点，欠点について考える。
2. 各種定性反応の結果からどういうことがいえるのか（分かるのか）を考える。
3. 予想と異なった結果が得られた場合，なぜそうなったのかを考える。

3-2 ラット肝臓からのグリコーゲンの分離と定量

　グリコーゲンは，植物のデンプンと同様にグルコースを構成単糖とするホモグリカンで，動物での貯蔵多糖として筋肉や肝臓に多く含まれている。このうち肝臓に蓄えられているグリコーゲンは必要に応じて分解され，最終的にグルコースとなって細胞膜にある輸送体（GluT）を介して肝細胞を出て，血流に放出される。一方，筋肉ではグルコース 6 - リン酸をグルコースに変換するホスファターゼが存在しないため，グルコースの血流への放出が起こらない。

　肝臓のグリコーゲンは食事からのグルコースの供給を受けて合成されるが，1 日絶食すると蓄積されている大部分が分解されてしまう。本実験では，通常どおりに摂食させたラットと，絶食させたラットの肝臓からグリコーゲンを分離・定量し，摂食・絶食によるグリコーゲン量の変化を調べる。

3-2-1　グリコーゲンの分離

原　理

　トリクロロ酢酸（TCA）はタンパク質や核酸など生体高分子を不溶化させる作用をもつ。このため，肝臓ホモジェネイトに TCA を加えると，タンパク質や核酸などが不溶化し，一方，グリコーゲンは TCA 存在下でも溶解状態にあるので，ホモジェネイトを遠心分離すると，タンパク質や核酸は沈殿部に移行し，上清部にグリコーゲンが残存することになる。上清部にエタノールを加えると，グリコーゲンは不溶化するので，遠心分離により混在する低分子可溶化成分から分離・回収できる。

試薬・試料

　5％(w/v)TCA，95％エタノール，乳鉢を用いる場合は海砂（40 〜 80 メッシュ）。
　試料：ラット肝臓

器具・装置

　ホモジナイザー（なければ，乳鉢と乳棒），15 mL 遠沈管，50 mL 遠沈管（目盛りつき），遠心分離機

操　作

1. 肝臓をハサミで細切し，1 g 程度を氷冷したホモジナイザーに入れ（入れた肝臓の重量を 0.01g 単位で求める），10 mL の冷 5％ TCA を加えてホモジナイズする。
2. 得られたホモジネイトを 15 mL の遠沈管に入れ，さらにホモジナイザーを少量の 5％ TCA で洗浄し，洗液も遠沈管に入れて，遠心分離（3,500 rpm，5 分）する。
3. 得られた上清を 50 mL 遠沈管に移し，上清部の 2 倍量の 95％エタノールをゆっくり撹拌しながら加える。
4. 綿様の不溶物が生じてきたら，2 と同様に遠心分離する。
5. 上清を捨て，沈殿に水を 4 mL 加えて溶解させた後，95％エタノールを 8 mL 加えて

再沈殿させ，遠心分離する。
6. 得られた沈殿に 95% エタノールを 10 mL 加えて懸濁させ，撹拌して沈殿を洗い，遠心分離する。得られた沈殿がグリコーゲンである。

3-2-2　グリコーゲンの定量

グリコーゲンを塩酸で加水分解してグルコールにして定量する方法もあるが，本実験では，グリコーゲンのままフェノール硫酸法で定量する。この方法は，糖類水溶液に濃硫酸を加えるとフルフラール誘導体が生成し，これがフェノールと反応して橙黄色に呈色するという原理に基づいている。

[試　薬]

5% フェノール溶液，濃硫酸，グリコーゲン標準液（100 μg/mL）

[器具・装置]

安全ピペッター，25 mL メスフラスコ，試験管ミキサー，分光光度計

[操　作]

1. 検量線作成用として，6 本の試験管にグリコーゲン標準液 0，0.1，0.2，0.3，0.4，0.5 mL を取り，各々に水を加えて全量を 0.5 mL にする
2. 前項の実験で得られたグリコーゲンを少量の水に溶かして 25 mL メスフラスコに移し，水を加えて 25 mL とする。この溶液 2 mL を 50 mL のメスフラスコに取り，水を加えて 50 mL としたもの（25 倍希釈）を試料溶液とする。
3. 試験管に試料溶液を 0.5 mL とる。
4. 検量線用標準液ならびに試料溶液の各々に，5% フェノール溶液 0.5 mL を加えて撹拌し，さらに濃硫酸 2.5 mL を直接液面に加えて直ちに撹拌する。
5. 室温で 20 分放置後，490 nm での吸光度を測定する。
6. 検量線用標準液のデータを基に検量線を作成し，試料のグリコーゲン濃度を求める。

[計　算]

グリコーゲン含量（mg/g 肝）＝グリコーゲン濃度（μg/mL）× 25 ×（1/ 肝重量, g）× 10^{-3}

[備　考]

濃硫酸，フェノール溶液，TCA 溶液の取り扱いには十分注意し，皮膚に付いたならば直ちに流水で十分洗浄すること。いずれも安全ピペッターを用いて所定量を量り取るようにする。

[課　題]

摂食ラットと 1 日絶食ラットから肝臓を摘出し（冷凍保存したものでも良い），両者のグリコーゲン含量を比較する。なお，絶食ラットの場合は，操作 2 での 25 倍希釈は不要。

第3章　糖質に関する実験

3-3　血糖（グルコース）の定量

　血液中に存在する糖は，グルコースがほとんどであるので，血糖値は血液中のグルコース濃度と考えてよい。血糖値の基準値は，空腹時で 78 〜 109 mg/dL とされている。血中のグルコース濃度は摂取した糖質の消化吸収，肝臓や筋肉での貯蔵および放出，筋肉および脳や他の組織における利用の間で均衡が保たれている。その調節には自律神経と各種のホルモンが密接に関係している。インシュリンには血糖値を低下させる作用があり，一方，エピネフリンや成長ホルモンには血糖値上昇作用があって，これらのホルモンの協調作用によって血糖値は調節されている。血糖値は，糖代謝の異常を見いだす手がかりとして利用される。

原　理

　試料中のグルコースをムタロターゼの作用によって α 型から β-D-グルコースに変換させる。β-D-グルコースは，グルコースオキシダーゼ(GOD)によって酸化され，同時に過酸化水素を生じる。過酸化水素は，ペルオキシダーゼの作用によりフェノールと 4-アミノアンチピリンを縮合させて赤色の色素が生成する。この吸光度を測定することにより試料中のグルコース濃度を求める。

α-D-グルコース

↓ ムタロターゼ

β-D-グルコース + O_2 + H_2O → (GOD) → H_2O_2 + グルコン酸

$2H_2O_2$ + 4-アミノアンチピリン + フェノール → (POD) → 赤色キノン色素 + $4H_2O$

試薬・器具・実験装置

　発色試薬（グルコース CII - テストワコー：ムタロターゼ，グルコースオキシダーゼ，ペルオキシダーゼ，4-アミノアンチピリン，アスコルビン酸オキシダーゼを含む，和光純薬）
　グルコース標準液（500 mg/dL）
　マイクロピペット，試験管，分光光度計，恒温水槽

3-3 血糖（グルコース）の定量

操作

1. 下表に従ってグルコース標準液と水を混合し，検量線作製用のグルコース溶液を調製する。

試験管番号	1	2	3	4
グルコース濃度（mg/dL）	100	200	300	400
グルコース標準液（mL）	0.2	0.4	0.6	0.8
水（mL）	0.8	0.6	0.4	0.2

2. 6本の試験管を用意し，上記の1～4のグルコース溶液の各々からマイクロピペットを使って20 μLを入れる。さらに1本の試験管には水を20 μL入れる（ブランク試料）。これらは検量線作成用試料となる。残り1本の試験管には血清（試料）を20 μL入れる。
3. これら6本の試験管に3.0 mLの発色試薬を加えて良く撹拌する。
4. 37℃の恒温槽中に5分間保持する。
5. 505 nmでの吸光度を測定する。

結果・計算

検量線作成用試料の吸光度から，検量線の一次回帰式（$y = a + bx$）を算出し，試料の吸光度をyに代入してx(濃度)を算出する。

備考

成人空腹時の基準値は，78～109 mg/dLである。

課題

血糖測定装置があれば，空腹時血糖および食後の血糖値の経時変化を測定してみる。

4 アミノ酸・タンパク質に関する実験

4-1 ニンヒドリン反応によるアミノ酸の定量

α-アミノ酸はpH 4〜8の範囲でニンヒドリンと反応して青紫色のジケトヒドリンジリデン・ジケトヒドリンダミン(別名:ルーヘマン紫,Ruhemann's purple)を生成する。この反応は非常に鋭敏でアミノ酸分析でのアミノ酸定量に一般的に用いられる。ただし,イミノ酸であるプロリン(およびヒドロキシプロリン)との反応では,黄色を呈する。

> 原 理

まずニンヒドリンとアミノ酸が反応し,ニンヒドリンは還元されてアミノ酸はアルデヒドに変化し,アンモニアと二酸化炭素が発生する。次に,還元ニンヒドリンとニンヒドリンがアンモニアを介して縮合し,ルーヘマン紫が生成する。

> 試 薬

アミノ酸溶液(0.1 mM アラニン;8.9 mg/L)

50%(v/v) エタノール

ニンヒドリン試薬:0.8 gのニンヒドリンと0.12 gのヒドリンダンチンを30 mLのメチルセロソルブに溶解し,さらに4 M酢酸緩衝液(pH 5.5)を10 mL加える。

> 器具・装置

試験管,メスピペット,分光光度計

4-1 ニンヒドリン反応によるアミノ酸の定量

操作

1. 下表に従って検量線作製用のアミノ酸溶液を調製する。

alanine 濃度（mM）	0	0.02	0.04	0.06	0.08	0.10
0.1 mM アラニン（mL）	0	0.2	0.4	0.6	0.8	1.0
H_2O（mL）	1.0	0.8	0.6	0.4	0.2	0

2. 上記の標準液，ならびに濃度未知のアミノ酸溶液を試験管に 1 mL 取り，ニンヒドリン試薬を 1 mL 加えて，沸騰水浴中で 15 分間加熱する。加熱中は，試験管の口にビー玉を乗せておくと蒸発を防げる。室温に戻した後，50％エタノールを 1.5 mL 加え，10 分後に 570 nm での吸光度を測定する。

3. 検量線を作図して一次回帰式を求め，未知試料の濃度を計算しなさい。

備考

ニンヒドリン反応以外のアミノ酸の定性反応には以下のようなものがある。

・キサントプロテイン反応（Xanthoprotein reaction）

　芳香族アミノ酸（チロシン，フェニルアラニン，トリプトファン）に濃硝酸を加えて加熱するとニトロ誘導体を生じて黄色を呈する（xantho- とはギリシャ語で黄色を意味する）。冷却後に溶液をアルカリ性にすると，これらニトロ誘導体の塩が形成され，橙黄色になる。この反応は芳香族アミノ酸を含むタンパク質（ゼラチンやコラーゲンは芳香族アミノ酸がほとんど含まれない）でも生ずる。手指に硝酸が付くと黄色く変色するのは，この反応のためである。

　なお，フェニルアラニンのベンゼン環は安定性が高く，ニトロ化が生じにくい。

・ミロン反応（Millon reaction）

　フェノール性水酸基をもつアミノ酸（チロシン）に Millon 試薬（水銀を硝酸に溶解させたもの）を加えると，ニトロソフェノールの水銀錯塩が生成し，赤褐色を呈する。

第4章　アミノ酸・タンパク質に関する実験

4-2　アミノ酸およびタンパク質の紫外線吸収スペクトル

　タンパク質を構成しているアミノ酸のうち，芳香族アミノ酸であるチロシン，トリプトファン，フェニールアラニンは紫外線を吸収する。このような性質を利用してこれらのアミノ酸の濃度あるいはタンパク質の濃度を求めることができる。チロシンとトリプトファンは280 nm付近に吸収の極大があるが，フェニールアラニンは250～260 nmでの吸収が高く，280 nmではほとんど吸収を示さない。このため，一般的には，チロシンとトリプトファンに由来する280 nmでの吸収を測定してタンパク質濃度を求める。

　紫外部吸収によるタンパク質濃度の測定は，タンパク質溶液以外に試薬をいっさい必要とせず，測定操作が極めて簡単で，さらに測定後に試料を回収できるので，少量のタンパク質をむだにすることがないという利点がある。また，カラムクロマトグラフィーでの溶出液のタンパク質濃度を連続的にモニターする場合にも紫外部吸収が使われている。

　ただし，タンパク質は種類によって芳香族アミノ酸の含量が異なっており，このため，タンパク質ごとに吸光係数は異なる。

　本実験では，芳香族アミノ酸であるトリプトファンの水溶液，ならびにタンパク質である牛血清アルブミンの紫外部での吸収を測定する。

試　料

　トリプトファン溶液：操作1を参照。
　BSA(牛血清アルブミン)溶液：0.5～1 mg/mL程度の水溶液を調製する。

器具・装置

　50 mLビーカー，200 mLメスフラスコ，ピペット，試験管，分光光度計，石英セル，電子天秤

操　作

1. トリプトファン10～20 mg程度を50 mLビーカーに量り取る。何mgであるかを記録しておく。水を加えて溶かし，200 mLのメスフラスコに移す。ビーカーに残った液を洗浄ビンから水を出しながらメスフラスコに洗い出す。200 mLまで水を加え，栓をして反転させながら溶液を良く撹拌する。このトリプトファン溶液1.0 mLを試験管にとり，水を4.0 mL加えて撹拌する(5倍希釈溶液)。

2. 5倍希釈したトリプトファン溶液とBSA溶液を石英セル(光路長1 cm)に取り，分光光度計で240から300 nmまで波長を変えながら10 nm毎に吸光度を測定し，グラフの横軸に波長，縦軸に吸光度を目盛って作図する(吸収スペクトルの作成)。

結果・計算

1. 得られたデータを基に，トリプトファンの280 nmでのモル吸光係数を求めなさい。なお，トリプトファンの分子量は204.23である。

2. BSAの280 nmでの吸光係数 $A_{280}^{1\%}$ は6.3であることが知られている。この数値を基に，測定したBSAの濃度をmg/mLで表しなさい(タンパク質の濃度は一般的にmg/mLで

表示する)。

なお，$A_{280}^{1\%}$ とは 1 %(= 10 mg/mL)の濃度の溶液が 280 nm の波長で示す吸光度のことである。

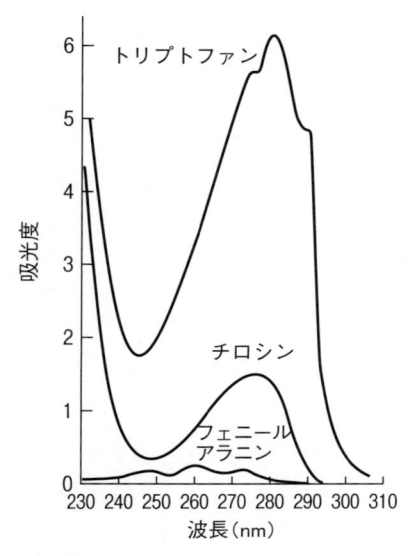

芳香族アミノ酸の吸収スペクトル。
アミノ酸濃度はいずれも 1 mM

コラム

「M」の読み方

溶液のモル濃度は，正式には mol/l と表記すべきであるが，生化学の分野では，学術雑誌にも慣習的に M の記号が使われている。この記号は英語では molar(モラー)と呼ばれる。日本では，この M をモルと呼ぶこともあるが，モルと発音してしまうと，物質量としての mol なのか，あるいはモル濃度なのか紛らわしい。このようなことから，例えば，1 M NaCl の場合は，1 モル NaCl ではなく，正しくは 1 モラー NaCl と呼ぶべきである。

第4章 アミノ酸・タンパク質に関する実験

4-3 ゲルろ過クロマトグラフィー

　カラム（円筒管）に溶媒で膨潤させたゲルろ過剤を充填し，その上端部に大きさの異なる分子を含む混合溶液をのせてゲルろ過剤を通過させると，分子量の大きなものから順に溶出してくる。このような分離操作をゲルろ過クロマトグラフィーという。この方法は物質の分離・分画のみならず，分子量の算定にも用いられる。

原　理

　ゲルろ過用の膨潤ゲル粒子は三次元的な網目構造を持ち，溶質分子の大きさがゲル粒子の網目よりも大きいとゲル粒子内部に入り込めず，ゲル粒子間の空隙を通って溶出される。一方，溶質分子の大きさが網目よりも小さいとゲル粒子の内部に入り込み，そのため余分な流路を通ることになるので溶出するのに時間がかかることになる。このような原理に基づいて分子量の異なる物質が分離される。

　分画分子量の異なる各種のゲルろ過剤が市販されているが，本実験ではセファデックス（Sephadex）というゲルろ過剤を用いて，物質の分子量（分子の大きさ）の違いによって物質が分離されることを理解する。

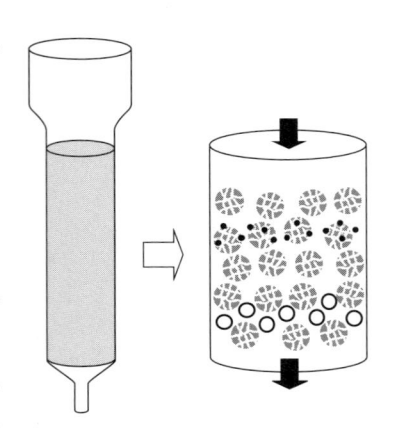

4-3-1 塩とタンパク質の分離

試　料

　ヘモグロビン溶液（1% NaCl に溶解させる。ヘモグロビンの濃度は，溶出後に 550 nm での吸収で検出できる程度とする）

器具・装置

　試験管 20 本，メスピペット（0.2，5 mL），パスツールピペット，Sephadex G-25 を充填した小カラム：プラスチック製の小カラム（内径 7.5 mm，カラム部分の容量約 2.5 mL）の流出口に細いチューブを接続し，あらかじめ水で膨潤させた Sephadex を充填する。

　分光光度計，電気伝導度計（試験管挿入用電極付）

操　作

1. カラムの流出口に接続してあるチューブの先端部を下げて水を流出させ，水面とゲル表面とが同じ高さになったならば，直ちにチューブの先をゲル表面よりも上げて，排水を止める。
2. ヘモグロビン溶液 0.2 mL をゲル表面に添加する。この時ゲル表面を乱さないように注意深くゆっくりと行う。次に，チューブを下げ，試料溶液がゲル内に入りきるまで排水し，試料溶液の液面とゲル表面とが同じ高さになったならば直ちにチューブを上げて

排水を止める。
3. 水をパスツールピペットを用いて，ゲル表面を乱さないように注意深くゆっくりと，リザーバーの上端まで入れる。
4. チューブを下げて溶出させ，溶出液を6滴ずつ試験管に順に受ける（合計20本）。溶出が終わったならば直ちにチューブの先端をゲルろ過剤表面よりも上げて流出を止める。
5. 溶出終了後，奇数番号の試験管には3 mL，偶数番号の試験管には5 mLの水を加える。
6. 奇数番号の試験管の液は550 nmでの吸光度を測定し（ヘモグロビンの検出），偶数番号のものは電気伝導度を測定する（NaClの検出）。
7. グラフの縦軸に550 nmの吸光度ならびに電気伝導度を，横軸に試験管番号を目盛って作図し，タンパク質のピークと電気伝導度（すなわち，NaCl濃度）のピークが分かれていることを確認する。

備考

電気伝導度とは，電気抵抗（Ω）の逆数で，単位はS（ジーメンス）で表す。溶液中で電解質が増加すれば，電気抵抗が減少する（電流が流れやすくなる）ために，電気伝導度は増加する。このようなことから，電気伝導度の測定によって電解質（本実験ではNaCl）溶液の濃度を知ることができる。

電気伝導度計が利用できなければ，硝酸銀（$AgNO_3$）溶液を滴下して，AgClの白色沈殿の形成を観察することによって食塩の溶出を検出しても良い。

コラム

モル，mol（またはmole）

物質量の単位はmol（モル）であるが，これはmolecule（分子）の一山，すなわち，アボガドロ数（約6.02×10^{23}）の分子が集まったものである。日本語で「モル」と「分子」という言葉の間には何の関連性もイメージできないが，英語で書くとmol(e)はmoleculeという単語の始めの3文字あるいは4文字に相当することが一目で分かり，molはmoleculeから派生したものであることが理解できる。

物質によって，1モル相当の質量は異なるが，分子の数は同じである。例えば，1 molの食塩（NaCl）は58.44 gであるが，砂糖（ショ糖；$C_{12}H_{22}O_{11}$）の1 molは342.30 gであり，このように両者の質量は異なるが，その中に含まれる分子の数はいずれも約6.02×10^{23}である。

4-3-2　アルブミンと DNP- リジンの分離

試料

BSA（牛血清アルブミン）・アミノ酸混液（BSA と Nε-DNP-リジンを各々 1.6 mg/mL，0.2 mg/mL となるように水溶液を調製する）

器具

試験管 15 本，Sephadex G-25 を充填したカラム：1.5 g の Sephadex G-25 を 3 時間以上水中に浸して膨潤させた後，内径 1 cm，長さ約 20 cm のクロマトグラフ用のガラスカラムにゲル懸濁液を注ぎ入れる。液をゆっくり流しながら，重力でゲルを沈殿させ，ゲルの高さを約 10 cm とする。この時，カラム内に気泡が入らないように注意する。

操作

1. カラム上部の水を沈下させ，コックを閉じ，250 μL の試料溶液をピペットを用いてカラム上に静かにのせる。
2. コックをわずかに開き，試料をカラムに沈下させる。コックを閉じ約 0.2 mL の水をカラム上部に加え再び沈下させて，コックを閉じる。
3. ゲル表面を乱さないように注意しながらカラム上のガラス管部に水を満たす。ここまではカラムから滴下する液を 1 つのビーカーに受ける。
4. 1 〜 15 のナンバーを付した試験管を用意し，カラム下部のコックを開き，5 秒に 1 滴くらいの流下速度になるように調整し，滴下数を数えながら流出液を試験管に集める。20 滴を集めたら，（コックは閉めずに）次の試験管と交換する。この時，カラム上部の水位が低下したら水を補給し，カラムに空気が入らないように注意する。
5. 試験管 15 本に各々 20 滴（約 1.2 mL）ずつ採取したら，下部のコックを閉じ，溶出を終える。全溶出には約 30 分を要する。
6. 各試験管から 0.4 mL ずつを空の試験管に取り，Lowry 法（実験 4-4-2, p.42）によって各試験管でのタンパク質を定量する。なお，タンパク質基準液（2.0 mg/mL の BSA 水溶液の 50 μL（= 100 μg タンパク質）に 0.35 mL の水を加えたもの）0.4 mL を別の試験管に取る。また，ブランク試料として，水 0.4 mL を試験管に取る。これらの試料の吸光度を測定し，タンパク質量を求める。

$$\text{タンパク質量 }(\mu g) = 100\,\mu g \times \frac{\text{試料の吸光度}}{\text{基準液の吸光度}}$$

7. DNP リジンの検出

    各試験管（6. で 0.4 mL 使用したので，約 0.8 mL 残っている）に，2.0 mL の水を加え混和し，360 nm で吸光度を測定する。

    なお，塩基性アミノ酸であるリジンの側鎖にある ε アミノ基がジニトロフェニル（DNP）化されている Nε-DNP-リジンは，それ自体が黄色で 360 nm に吸収極大をもっている。

8. グラフの横軸に試験管番号，縦軸にタンパク質量ならびに 360 nm での吸光度を取り，タンパク質と DNP リジンの溶出パターンを作図する。

4-3-3　アルブミンのペプシン処理分解物のゲルろ過

　胃液に含まれるタンパク質分解酵素ペプシンは，酸性(pH 1 〜 4)で働くエンドプロテアーゼである。試料タンパク質(牛血清アルブミン；BSA)を酸性にしてペプシンで処理した後，ゲルろ過して，その溶出パターンをペプシン処理しない BSA のものと比較する。

　試　薬

BSA 溶液(2 mg/mL 水溶液)，0.07M HCl，0.07M Na_2CO_3(反応停止液)，DNP-リジン(1 mg/mL 水溶液)，ペプシン溶液(1 mM HCl に 0.4 mg/mL となるよう溶解させる；和光純薬工業 165-18711)

　操　作

1. 小試験管にアルブミン溶液 200 μL と 0.07M HCl を 50 μL 取り，室温に 10 分間放置する。次いで，ペプシン溶液を 50 μL 加える。試薬を加えるたびに試験管を指で軽くたたいて混ぜる。
2. 37℃で 20 分間，時々撹拌しながらインキュベートする。
3. 20 分後，小試験管をインキュベーターから取り出し，0.07M Na_2CO_3 を 50 μL 加えて撹拌し，反応を停止させる。
4. さらに DNP-リジンを 50 μL 加えて混ぜる。
5. 反応混液の 0.4 mL すべてをパスツールピペットを用いて，4-3-2 での実験と同じカラムにのせる。コックをわずかに開き，試料をカラムに沈下させる。
6. コックを閉じ，反応混液が入っていた小試験管に水を 0.2 mL 入れ，軽く撹拌した後，5 で用いたパスツールピペットを用いてカラム上部に加え再び沈下させて，コックを閉じる。
7. ゲル表面を乱さないように注意しながらゲル上のガラス管部に水を満たす。ここまではカラムから滴下する液は 1 つのビーカーに受ける。カラム上部の水位が低下したら水を補給し，カラムに空気が入らないように注意する。カラムの滴下液を 20 滴ずつ 15 本(黄色が出終わるまで)の試験管に採取する。試験管のタンパク質量と DNP-リジンの吸光度を 4-3-2 での実験と同様に測定し，グラフにプロットする。

4-4 タンパク質溶液の比色定量法

4-4-1 ビウレット法によるタンパク質の定量

[原 理]

タンパク質のアルカリ性溶液に硫酸銅を加えると青紫色に発色し，この反応をビウレット反応という。ビウレット反応は，Cu^{2+} がアルカリ域においてプロトンを失ったポリペプチド鎖中の窒素原子と配位することによる（右図参照）。

発色の程度は，タンパク質中のペプチド結合の数に比例するので，吸光度を測定することにより，タンパク質溶液の濃度を求めることができる。

[試料・試薬]

検量線作製用標準タンパク質：牛血清アルブミン（BSA）5 mg/mL 水溶液

濃度未知の BSA 溶液

ビウレット試薬：用いる水は予め沸騰させて溶存する二酸化炭素を除く。1.5 g の $CuSO_4 \cdot 5H_2O$（硫酸銅）と 6.0 g の $C_4H_4KNaO_6 \cdot 4H_2O$（酒石酸カリウムナトリウム・ロッシェル塩）を 500 mL の水に溶かし，300 mL の 10% NaOH を加え，さらに KI（ヨウ化カリウム）を 5 g 加えて溶解させ，水を加えて全量を 1 L とする。

[器具・装置]

試験管，メスピペット，安全ピペッター，分光光度計

[操 作]

1. 検量線作製用タンパク質溶液の調製

BSA 溶液と水とを下表に従って混合し，希釈率の異なる 6 種類の BSA 溶液を調製する。

	BSA 濃度（mg/mL）					
	0	1	2	3	4	5
BSA（mL）	0	0.2	0.4	0.6	0.8	1.0
水（mL）	1.0	0.8	0.6	0.4	0.2	0

2. 検量線作製用タンパク質溶液ならびに未知試料溶液 1 mL に 4 mL のビウレット試薬（安全ピペッター使用のこと）を加えて撹拌する。

3. 室温で 30 分間放置した後，540 nm での吸光度を測定する。

[結 果]

操作 1 でのデータから検量線を作製して，一次回帰式（$y = a + bx$）を求める。

ここで得られる傾き b は吸光係数，すなわちタンパク質 1 mg/mL あたりの吸光度である。未知試料の吸光度を y に代入すると，x（タンパク質濃度，mg/mL）が求まる。

なお，ビウレット反応での吸光係数は，タンパク質の種類によって異なる。

4-4 タンパク質溶液の比色定量法

注 意

ビウレット試薬は強アルカリ性であり，口に入れると危険なので，安全ピペッターを使用して必要量を取ること。また，手に付いた時は，直ちに水道水を流しながら洗い流すこと。

備 考

ビウレット反応での検量線は，吸光度が概ね0〜0.4の範囲で直線性が得られるが，0.4を越えると直線からずれてくる。このため，未知試料の濃度を測定する場合，濃度が高いタンパク質溶液では，吸光度が0.4以下となるように適当に希釈する必要となる。

コラム

%記号

　百分率は「%」という記号を使って表記されるが，この記号は，／（スラッシュ；毎の意味で，per，パーと読む）に100の00を付したものである。同じように，千分率の記号は「‰」でパーミル（permille）と呼び，／（スラッシュ）に1000の000を付したものである。

　ちなみに，／（スラッシュ記号）を高校では毎（まい）と読ませているようであるが，速度を表す場合，例えば，毎時○km（○ km/hr）とか毎秒○mm（○ mm/sec）のように時間あたりの距離を表す場合の読み方は日常的に使われているものの，生化学実験でのタンパク質やDNAの濃度を示すmg/mlをミリグラムまいミリリットルと読むのには違和感があり，ミリグラム・パー・ミリリットル（あるいはミリリッター）と呼ぶ方が適切である。

4-4-2 Lowry 法によるタンパク質の定量

[原理]

フェノール試薬(リンモリブデン酸・リンタングステン酸の混液)とタンパク質中の芳香族アミノ酸に由来する呈色反応(青藍色)ならびにビウレット反応の複合法であり,ビウレット法よりも100倍ほど感度が高く,低濃度のタンパク質溶液の濃度測定に用いられる。

[試料・試薬]

① 2% Na_2CO_3(0.1 M NaOH に溶解させる)
② 0.5% $CuSO_4 \cdot 5H_2O$(1% 酒石酸ナトリウム に溶解させる)
③ 上記①の試薬を 50 mL と②の試薬 1 mL を混合する(使用時に調製)。
④ フェノール試薬:市販の Folin-Ciocalteu フェノール試薬を水で 2 倍希釈する。
⑤ 検量線作製用標準タンパク質:牛血清アルブミン(BSA) 500 μg/mL 水溶液

[操作]

1. 検量線作製用タンパク質溶液の調製

   マイクロピペットを用いて,BSA 溶液と水とを下表に従って混合し,希釈率の異なる 6 種類の BSA 溶液を調製する。

	BSA 濃度 (μg/mL)					
	0	50	100	200	300	500
BSA (μL)	0	40	80	160	240	400
水 (μL)	400	360	320	240	160	0

2. 検量線作製用タンパク質溶液ならびに未知試料溶液 0.4 mL に 2 mL の試薬 3 を加えて撹拌し,室温で 10 分以上放置する。

3. 各試験管に試薬 5 を 0.2 mL 加えて,素早く撹拌し,30 分間放置した後,750 nm での吸光度を測定する。

[結果]

ビウレット反応の場合と同様に検量線を作製し,未知試料のタンパク質濃度を求める。

[備考]

カリウムイオンはフェノール試薬と沈殿を形成するので,試料中にカリウムが入っていることは望ましくない。ただし,12 mM 以下の濃度であれば問題ないとされる。

基礎知識

タンパク質の定量法について

タンパク質の定量法には種々の方法があるが，一般的に用いられるのは，ケルダール(Kjeldahl)法，ビウレット(Biuret)法，フェノール試薬法(Lowry 法)，色素結合法，紫外部吸収法などである。これらの特徴は以下のとおりである。

(1) ケルダール法

タンパク質中の窒素の含有率がほぼ一定である(平均 16%)ことを基礎としている。タンパク質試料を熱濃硫酸によって分解し，窒素をアンモニウムイオン(NH_4^+)として定量する。窒素量 ×(100/16)によってタンパク質量を算出できる。

(2) ビウレット法

2つ以上のペプチド結合が存在する場合に，ペプチドは強アルカリ域で Cu^{2+} と錯塩を形成し，発色することを利用している。感度を高めるために，紫外部領域の波長で測定するミクロビウレット法もある。

(3) フェノール試薬法（Lowry 法）

フェノール試薬(モリブデン酸，タングステン酸，リン酸から成る)とタンパク質中のチロシンやトリプトファンなどの還元性側鎖との反応に由来する呈色反応およびビウレット反応の複合法である。

(4) 色素結合法

タンパク質と色素との結合を利用する。結合する色素量はタンパク質の量に比例するので，色素の最大吸収波長で吸光度を測定することにより，タンパク質濃度が求められる。

(5) 紫外部吸収法

タンパク質を構成するアミノ酸のうち，芳香族アミノ酸であるチロシン，トリプトファン，フェニールアラニンは紫外部に吸収をもつので，この性質を利用してタンパク質の定量を行う。

これらの定量法の特徴をまとめると下表のようになる。

方法	試料への適用		感度	タンパク質間での変動	操作の簡便さ	多数試料への適用	試料の回収	妨害物質の影響
	固体	溶液						
(1)	◎	◎	◎	小	×	△	×	小
(2)	×	◎	△	小	○	◎	×	中
(3)	×	◎	◎	中	○	◎	×	大
(4)	×	◎	◎	中	○	◎	×	中
(5)	×	◎	○	大	◎	◎	◎	中

第4章 アミノ酸・タンパク質に関する実験

4-5 透析によるタンパク質溶液からの脱塩

　半透性の膜を用いて低分子溶質を含む高分子溶液から，低分子溶質を除去したりあるいは他の低分子溶質と置換したりする操作を透析(dialysis)という。半透性の膜には，非常に小さな穴が開いていて，その小穴を低分子は容易に通過できるが，一方高分子は穴の径よりも大きいために透過できない。天然の半透膜には膀胱や魚の浮き袋などがあり，人工の半透膜には，コロジオン膜，セロファン膜などがある。セロファンを継ぎ目のない筒状に成型したものを透析チューブといい，透析操作に広く使われている。

　一般的な透析チューブに開いている穴の直径は 2 ～ 4 nm 程度の大きさであり（色々な穴径の透析膜が市販されている），この大きさは，分子量が 2,000 ～ 20,000 程度の物質が通過できる限度である。大部分のタンパク質は分子量が 20,000 以上であるので，透析膜を通過できない。本実験では，塩を含むタンパク質溶液を試料として，透析膜の性質を学ぶ。

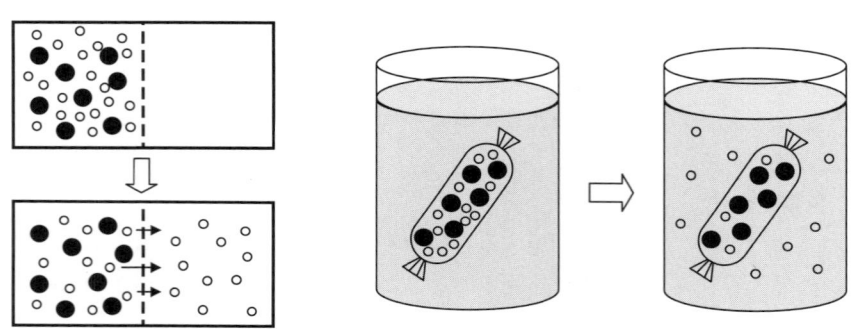

試料・試薬

　牛血清アルブミン(BSA)溶液：0.5 M NaCl に 1 mg/mL の濃度で溶解させる。
　透析外液（1 mM NaCl）100 mL，25 mM NaCl

器具・機器

　100 mL ビーカー，スターラー（なければガラス棒），試験管，透析チューブ（製品によっては不純物を含む場合があるので，煮沸洗浄した後，水に浸漬しておく），分光光度計，電気伝導度計（試験管挿入用電極付き）

操作

1. ビーカーに透析外液(1 mM NaCl)を 100 mL 入れる。
2. 透析外液を 0.5 mL ずつ 2 本の試験管(a, b)に取り，その内の 1 本(a)には 2.5 mL の水を加える（タンパク質の検出用）。もう 1 本(b)には 5.0 mL の水を加える。別の試験管(c)に 0.5 mL の 25 mM NaCl を取り，5.0 mL の水を加える。後者 2 本(b, c)の試験管の電気伝導度を測定し，電気伝導度と NaCl 濃度の関係（両者には比例関係がある）を示す検量線を作成する。

3. BSA 溶液 0.5 mL を試験管（d）に取り，2.5 mL の水を加え，2 項での透析外液（試験管（a））とともに，280 nm での吸光度を測定する。（透析前の試料と透析外液のタンパク質濃度の確認）

4. 透析チューブの一端を堅く結び，BSA 溶液を 5 mL 入れる。入れ終わったら，チューブにわずかの空気を残した状態で他端を結び，チューブを指でつまんで軽く圧をかけ，液漏れがないことを確認する。透析チューブをビーカー中に入れ，撹拌子を入れてスターラー（あるいはガラス棒）で穏やかに撹拌を続ける。

5. 透析開始後 10，20，30 分，45 分目に，透析外液 0.5 mL を試験管に取り，5.0 mL の水を加え，電気伝導度を測定する。

6. 60 分目に透析外液を 2 本の試験管に 0.5 mL ずつ取り，1 本には 5 mL の水を加えて電気伝導度の測定，もう 1 本の試験管には 2.5 mL の水を加えて 280 nm での吸光度測定（タンパク質の検出）を行う。また，透析チューブの一端をはさみで切り，内容物の 0.5 mL を試験管に取って，2.5 mL の水を加え 280 nm での吸光度を測定する。

[結果・計算]

1. グラフの横軸に時間，縦軸に NaCl 濃度（操作 2 で作成した電気伝導度と NaCl 濃度の関係グラフから求める）を目盛って作図する（透析外液の経時的な NaCl 濃度の変化を示す）。また，BSA 溶液ならびに透析外液の 280 nm での紫外部吸収から，BSA が透析チューブ内に留まっているかどうかを確認する。

2. NaCl 濃度が平衡（すなわち透析チューブ内と透析外液での濃度が同じ）になった場合が透析の終了ということになるが，途中のサンプリングで採取した液量を無視して，透析終了時も透析外液が 100 mL であると仮定し，平衡時の NaCl のモル濃度はいくらになるか計算せよ。なお，透析前の BSA 溶液での NaCl 濃度は 0.5 M，透析外液では 1 mM である。

[課題]

0.5 M KCl を含むタンパク質溶液 10 mL を水に対して透析して KCl を除きたい。500 mL の透析外液があるとして，これを 1 度に全量使って透析した場合と，2 回に分けて 250 mL ずつ使って透析した場合（まず，250 mL の外液で透析し，平衡に達した後，初めの外液を捨て，新たに 250 mL の外液で透析する），透析終了時のタンパク質溶液に含まれる KCl 濃度を各々求めよ。

この問から，透析を効率良く行うにはどのようにしたらよいかを考察する。

第4章 アミノ酸・タンパク質に関する実験

4-6 粘度測定によるタンパク質の構造変化の検出

　個々のタンパク質は固有の立体構造をもっており，タンパク質のもつ生物学的活性は構造と密接に関わっている。タンパク質の立体構造は共有結合や非共有結合などで安定化されているが，高濃度の尿素は非共有結合である水素結合や疎水結合を弱める働きがあるので，未変性タンパク質に高濃度の尿素を加えていくと，その立体構造が崩れてくる（unfolding という）。このようなタンパク質の立体構造の変化を検出する手段の1つに粘度測定がある。
　本実験では Ostwald 型粘度計を用いて，尿素添加による牛血清アルブミン（BSA）の粘度変化を調べ，立体構造の変化を考察する。

原　理

　Ostwald 型粘度計（右図参照）は毛細管からできており，タンパク質溶液がこの毛細管を通過するのに要する時間を測定することによって粘度を求めることができる。分子量が同じであれば，球状のタンパク質は繊維状のタンパク質よりも，毛細管をより速い速度で流れる。つまり，球状タンパク質は繊維状タンパク質よりも粘度が低い。一般に，未変性のタンパク質は，変性したものよりもコンパクトな構造をとっているために低い粘度を示す。
　粘度計の試料溜部分 e に溶媒を入れ，a から吸引して b 線の少し上にくるまで吸い上げる。吸引を止めて溶液を自由落下させ，b から d 線を通過するのに要する時間（t_0）を測定する。次に，同様の操作をタンパク質溶液について行い，この時の時間を（t）とすると，次の関係が成立する。

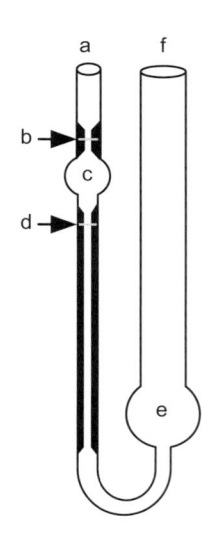

$$\frac{\eta}{\eta_0} = \frac{t}{t_0} \times \frac{\rho}{\rho_0}$$

　上式で，η_0 は密度 ρ_0 の溶媒の粘性係数，η は密度 ρ の溶液の粘性係数を示す。
　η/η_0 を相対粘度（relative viscosity; η_{rel} あるいは η_r）といい，通常は溶媒とタンパク質溶液の密度を等しい（$\rho = \rho_0$）と仮定して，$\eta_{rel} = t/t_0$ と単純化される。
　粘度の表現には相対粘度の他にも，$(\eta - \eta_0)/\eta_0 = \eta_{rel} - 1 = \eta_{sp}$ で表した比粘度（specific viscosity），比粘度を濃度（c，通常 g/100 mL で表す）で除した η_{sp}/c で示される還元粘度（reduced viscosity）などがある。
　粘度を種々のタンパク質濃度で測定して，横軸に c，縦軸に η_{sp}/c を目盛って作図し，濃度0に外挿した時の値を $[\eta]$ とする。これを固有粘度（intrinsic viscosity）という。すなわち，$[\eta] = \lim_{c \to 0}(\eta_{sp}/c)$ であり，固有粘度はタンパク質の分子量を求める場合に使われる。

試　料

① 0.1 M KCl，0.1 M KCl に溶解させた4および8 M 尿素溶液

② 上記の各溶媒に 10 mg/mL の濃度で溶解させた牛血清アルブミン

器具・機器
オストワルド型粘度計，粘度計保持用クランプおよびスタンド，5 mL ホールピペット，ストップウォッチ，恒温水槽

操 作
1. 粘度計の細い管口(a)にゴム管を取付け，次に太い管口(f)からピペットで 0.1 M KCl を 5.0 mL 入れる。試料を入れる際，試料が管壁に付かないよう，ピペットの先端が溶媒溜(e)に達するまで深く入れる。試料は泡立たないようゆっくりと注意深くピペットから出す。
2. 太い管の部分をクランプで挟み，20℃の恒温水槽中に鉛直に保持する。
3. ゴム管を口で吸引して，試料を b 線の少し上にくるまで吸い上げる。この時，試料を泡立てないよう吸引はゆっくりと行う。
4. ゴム管を口から離して試料を自由落下させ，試料が b 線から d 線を通過するのに要する時間(秒)をストップウオッチで測定する。同様の操作を 3 回以上行い(測定値のばらつきが 0.1 秒以内におさまるよう)，平均値を求める。
5. 測定後の粘度計を次の要領に従って洗浄する。細い口(a)からゴム管をはずし，次にアスピレータのゴム管に接続して水道栓を開け，試料を吸引排出する。試料の排出が終わったならば，内部を洗浄するために，太い管口から水道水を入れて，アスピレーターで吸引しながら数回すすぎ，さらに水を入れて 2,3 回すすぐ。次いで，アセトンを太い管口から入れ，吸引を続けて粘度計の内部を完全に乾燥させる。内部が乾燥したなら，粘度計をアスピレータのゴム管からはずして，最後に水道栓を閉じる。
6. 洗浄が終わったならば，次の試料について上記の操作を繰り返す。

結 果
各尿素濃度での BSA 試料の相対粘度(η_{rel})を求め，グラフの横軸に尿素濃度(M)，縦軸に粘度(η_{rel})をとって作図する。尿素の存在が粘度(タンパク質の立体構造)にどのように影響したのかを考察しなさい。

備 考
本実験では，粘度計の洗浄を水洗のみとしたが，濃硝酸での洗浄はより効果的である。

4-7 硫安によるタンパク質の塩析

タンパク質は溶液中に共存する塩の濃度によって溶解性が変化し，特に高濃度の塩の存在下では溶解性が低下して不溶化し沈殿する。このような現象を塩析という。最大の塩析効果（溶解度が最低となる）をもたらす塩濃度はタンパク質の種類によって異なり，このような塩濃度による溶解性の違いがタンパク質の分離・精製に利用され，特に，精製の初期段階での粗精製や，精製タンパク質の濃縮にも使われる。また，硫安沈殿としてタンパク質を保存することも一般的である。塩析によるタンパク質の沈殿分別を行うには，二価の中性塩である硫酸アンモニウム（硫安）$(NH_4)_2SO_4$ による分画が広く行われている。

本実験においては，硫安濃度の違いによってタンパク質の溶解がどのように変化するかを調べる。

原　理

タンパク質の溶解性は，タンパク質のもつ解離基と溶液に共存している塩イオンとの間の静電的な相互作用に基づいている。タンパク質の溶解性は一般的に少量の塩が存在すると増加し，これを塩溶（salting-in）という。さらに塩濃度を高めると，溶解度が減少し，この現象を塩析（salting-out）という。塩析の原理は，高濃度の塩がタンパク質分子から水和水を奪うことが主要因と考えられている。

試料・試薬

100％飽和硫酸アンモニウム溶液：1L の水を加温しながら 770〜780 g の硫安を溶解させた後，低温下に放置する。過剰の硫安は結晶として沈殿するので溶液部分を用いる。

タンパク質溶液（5 mg/mL）：ここでは，卵白のタンパク質であるオボアルブミンを使う。オボアルブミン 1 mg/mL の A_{280} は 0.75 であるので，この吸光係数を基にタンパク質溶液の濃度を調整する。

器具・機器

試験管，メスピペット，駒込ピペット，遠心分離器，分光光度計

操　作

1. 下表に従って試料溶液を調製する。（単位は mL）

	最終硫安濃度（％）					
	0	40	50	60	70	80
オボアルブミン	1.0	1.0	1.0	1.0	1.0	1.0
水	4.0	2.0	1.5	1.0	0.5	0
100％飽和硫安	0	2.0	2.5	3.0	3.5	4.0

あらかじめオボアルブミンと水とを混合し，最後に硫安を加え，泡立たないように穏やかに撹拌する。泡立てると，気泡を含んだ変性タンパク質が遠心分離後に上層部に浮き上がり，扱い難くなる。

2. 10 分以上放置した後，遠心分離する（3,500 rpm, 10 分間）。遠心分離機への試料のセッ

トは回転軸に対して対称にする。

3. 遠心分離後の各々の試験管の上清部を 2 mL 駒込ピペットのゴム球を押した状態で溶液中にピペットを入れ，沈澱部を混入させないように注意深く取り，石英セルに入れる。280 と 320 nm での吸収を測定する。正味の吸光度は（$A_{280} - 1.5 \times A_{320}$）として求める。なお，$1.5 \times A_{320}$ は濁度由来の吸収である（なお，1.5 という数値は経験的な値である）。オボアルブミンの吸光係数（0.75）を基に上清部に溶解しているオボアルブミン濃度（mg/mL）を求める。

結 果

グラフの横軸に硫安の飽和濃度（％），縦軸にコントロール（硫安濃度 0）のタンパク質濃度を 100％とした時の各々の硫安濃度におけるタンパク質の溶解度（％）を目盛って作図しなさい。

備 考

100％飽和硫安とは，100 mL の水に 76 g の硫安（室温での最大飽和量）が溶解している溶液をいう。飽和度は温度によって変化するが，通常は室温での飽和度を用いている。通常用いられる溶液の％濃度とは意味が異なる点に注意。

下表は試料液への固形硫安添加量と％飽和度との関係を示している。この表は 25℃ での値で，100％飽和は約 4.1 M である。0℃ での飽和溶液は約 3.9 M となり，添加量は少なくなるが，実質的には 25℃ での値を使うことが一般的である。

硫安添加量（試料液 1 L あたりの g）と％飽和度との関係

試料液の硫安の初濃度（％飽和）	硫安の終濃度（％飽和）															
	10	20	25	30	33	35	40	45	50	55	60	65	70	75	80	90	100
0	56	114	144	176	196	209	243	277	313	351	390	430	472	516	561	662	767
10		57	86	118	137	150	183	216	251	288	326	365	406	449	494	592	694
20			29	59	78	91	123	155	189	225	262	300	340	382	424	520	619
25				30	49	61	93	125	158	193	230	267	307	348	390	485	583
30					19	30	62	94	127	162	198	235	273	314	356	449	546
33						12	43	74	107	142	177	214	252	292	333	426	522
35							31	63	94	129	164	200	238	278	319	411	506
40								31	63	97	132	168	205	245	285	375	469
45									32	65	99	134	171	210	250	339	431
50										33	66	101	137	176	214	302	392
55											33	67	103	141	179	264	353
60												34	69	105	143	227	314
65													34	70	107	190	275
70														35	72	153	237
75															36	115	198
80																77	157
90																	79

第4章 アミノ酸・タンパク質に関する実験

4-8 血清タンパク質のセルロースアセテート膜電気泳動

　タンパク質はその分子表面にアミノ酸の側鎖（R 基）に由来する電荷をもっているので，電場におくと電荷の正負ならびにその程度によって，＋あるいは－極に電気的に引き寄せられる。このような性質を基にタンパク質の分離を行う手法を電気泳動（Electrophoresis）という。電気泳動を行うための支持体にはいろいろな種類（各種膜類あるいはゲルなど）があるが，本実験ではセルロースアセテート膜を用い，血清タンパク質の分離を行う。

　血清タンパク質にはアルブミンとグロブリン（$\alpha_1, \alpha_2, \beta, \gamma$）とがあるが，その量比（A/G）は病的状態によって変動することが知られており（正常値で 1.3 〜 2.0，病的状態では一般にこの値が低くなる），電気泳動は病気を判定するための迅速かつ簡便な方法として，臨床生化学でよく用いられる。

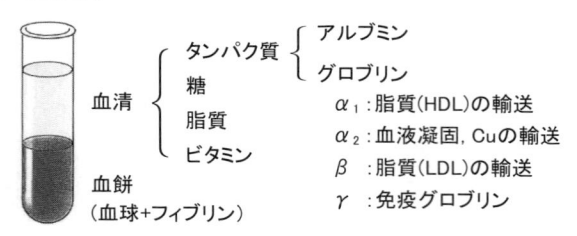

血清 ｛ タンパク質 ｛ アルブミン / グロブリン
　　　糖
　　　脂質
　　　ビタミン
血餅（血球+フィブリン）

α_1：脂質(HDL)の輸送
α_2：血液凝固，Cu の輸送
β ：脂質(LDL)の輸送
γ ：免疫グロブリン

器具と試薬

　泳動装置，セルロースアセテート膜，毛細管，ろ紙，ピンセット，シャーレ
　泳動用緩衝液（バルビタール 2.21 g ＋バルビタールナトリウム 12.16 g/1000 mL, pH 8.6）
　染色液（ポンソー 3R 0.8 g ＋ TCA 3.0g/100 mL）
　脱色液（酢酸 6 mL/200 mL）

操　作

＜装置の準備＞

1. 泳動槽の支持装置にろ紙をのせ，泳動用緩衝液を両方の溶液槽に 70 mL ずつ入れて，ろ紙を支持装置に密着させる。（下図参照）
2. セルロースアセテート膜(55 mm × 60 mm)に試料を添加する箇所を鉛筆で下図のように記す。この時，膜に強く鉛筆をあてないこと。1 cm 巾の 3 か所に試料を塗布することになる。

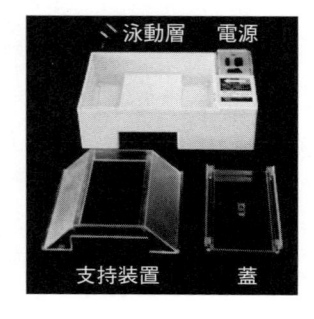

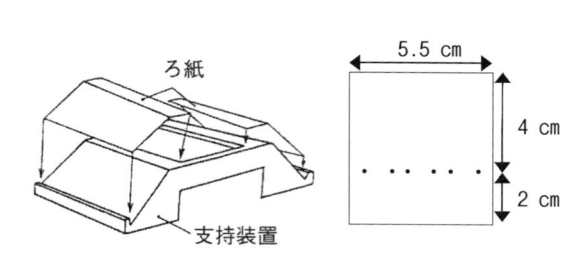

3. 右図のようにシャーレに泳動用緩衝液を入れ，膜をピンセットを使って，一端からゆっくりと液中に沈める。膜が均一に濡れたならば取り出し，膜の裏表をろ紙に軽く接触させて余分の緩衝液を吸い取る。この時，強く接触させると膜から緩衝液が吸収され過ぎて斑点状になる。膜が均一に湿った状態で，膜表面に緩衝液が浮いていないこと。

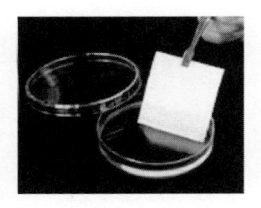

＜試料の塗布ならびに泳動＞

1. 下図（a）のように透明蓋を中央部にある取っ手を下にしておき，パスツールピペットを用いて1滴の緩衝液を矢印か所（1枚の膜あたり両側3か所）に滴下して，（b）図のように膜をたるまないように透明ふたの上に掛け渡す。

2. 毛細管に試料（血清）を吸い上げ，（c）図のように試料添加用の印をつけた3か所に各々試料量を変えて塗布する。この時，素早く線をひくように行う（ゆっくりと行うと試料が広がって明瞭な泳動パターンを示さない）。

3. 透明ふたを上下逆さにして，試料塗布側が電源に近い位置となるよう，（d）図のようにセルロースアセテート膜と支持装置のろ紙を密着させるようにセットする。

4. 泳動槽に電源を取り付け，100Vで60分間通電する。

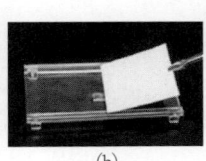

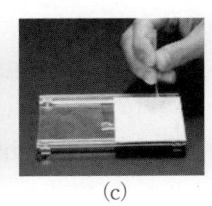

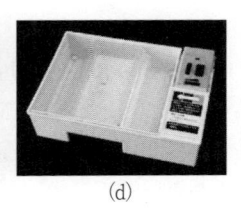

＜染　色＞

1. あらかじめ染色液をシャーレに入れておく。

2. ピンセットを使ってセルロースアセテート膜をはずし，染色液に入れる。染色時間は30秒〜1分。染色時間が長くなる（3分以上）と，脱色が困難になる。

＜脱　色＞

1. 染色した膜を脱色液に入れる。

2. 膜をピンセットで保持しながら脱色液中で振盪させ，脱色液が着色してきたら新しい脱色液に交換する。膜のバックグランドが白くなるまで脱色する。タンパク質は赤く染色される。泳動パターンを模写する（右図参照）。

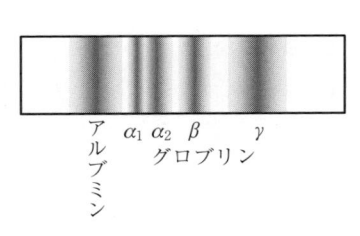

第4章 アミノ酸・タンパク質に関する実験

4-9 SDSポリアクリルアミドゲル電気泳動

　SDSは，界面活性剤の一種であり，タンパク質に結合して可溶化・変性させる。SDS化したタンパク質は分子全体が負の電荷で覆われるようになり，そのため，電場の中では陽極へ移動する。さらにポリアクリルアミドとよばれる分子篩の中で泳動を行うと網の目の通りやすい分子量の小さな分子ほど早く移動するため，タンパク質を分子量の違いによって分離することができる。すなわち，分子量の小さなタンパク質は移動距離が長くなり，一方，分子量の大きなタンパク質は移動距離が少ない。移動距離はタンパク質の分子量に比例することから，タンパク質の分子量を求める簡便な手法としてSDSポリアクリルアミドゲル電気泳動は広く使われている。

　本実験では，組織からタンパク質を抽出し，分子量にしたがってタンパク質を分離することによって，組織に含まれるタンパク質の組成を調べる。

試料・試薬

　試料：各種畜肉あるいは魚肉など
　分子量マーカー：Kaleidoscope prestained standards（KS），Actin and myosin standard（AM）
　サンプルバッファー：0.5M Tris-HCl（pH 6.8）1 mL，10％ SDS 2 mL，2-メルカプトエタノール 0.6 mL，グリセロール 1 mL，水 5.4 mL を混合し（合計 10 mL），さらに 1％ BPB（Bromophenol blue）を数滴（液が紺色になるまで）加える。
　泳動バッファー：25 mM Tris, 192 mM glycine, 0.1％ SDS（pH 8.3）
　染色液：0.125％ Coomassie brilliant blue（50％メタノール-10％酢酸混液に溶かす）
　脱染色液：5％エタノール-7.5％酢酸混液
　15％ポリアクリルアミドゲル（プレキャストゲル，レディゲル）

器具・装置

　シェーカー，プラスチックトレー，カッターナイフ，スパーテル，マイクロピペット，1.5 mLマイクロチューブ，ウォーターバス，電気泳動装置（Mini-PROTEAN3，Bio-Rad社），泳動電源（PowerPac），ゲル撮影装置（デジタルカメラで代用できる）。

操　作

A. 試料の調製

1. マイクロチューブにサンプルバッファーを 250 μL 入れ，次いでピンセットを使って約 5 mm 角の大きさの試料を入れて，よく攪拌する。
2. 室温で 5 分間インキュベートし，タンパク質の抽出・可溶化を行う。
3. 新しいマイクロチューブに 2 の試料の上清をそれぞれ 15 μL ずつ入れる。
4. 95℃で 5 分間インキュベートした後，短時間遠心し，上清を泳動用試料とする。
5. 分子量マーカーは，そのまま泳動用試料として使用する。

B. 電気泳動

1. 次ページの泳動装置の組立図を参照し，短い方のガラス板が内側に向くように電極装

置にレディゲルをセットする。
2. レディゲルをセットした電極装置をクランプフレームの中に押し込み，2つのカムを閉じる。
3. 組み立てた内部チェンバーを泳動槽に入れる。
4. 内部チェンバーを泳動バッファーで満たし，バッファーの水面が短いガラス板の上部にきていることを確認する(150 mL 程度)。
5. 泳動槽に 200 mL の泳動バッファーを入れる。
6. マイクロピペットを使って，各サンプルを 10 μL ずつゲルのウェルに入れる。
7. 泳動を開始する(泳動条件：200V，35 分)

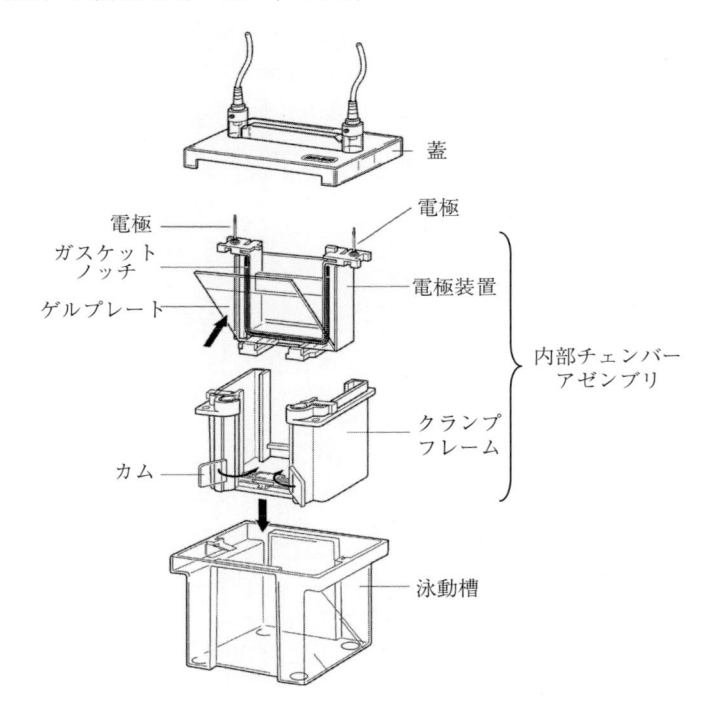

[図：電気泳動装置の分解図。上から蓋，電極，ガスケットノッチ，ゲルプレート，電極装置，内部チェンバーアセンブリ，クランプフレーム，カム，泳動槽]

C. タンパク質の染色

1. 電源を OFF にしているのを確認してから電極線を抜き，蓋を外して電極装置とクランプフレームを取り出す。
2. カムを開いてゲルカセットを取り出す。
3. ゲルカセットの両側のテープをカッターナイフで切る。
4. スパーテルを使ってゲルを剥がして，プラスチックトレー中の染色液中に入れ，シェーカーで振とうさせながら 30 分間染色する。
5. 駒込ピペットを使って染色液を除き，次いで脱染色液を加え，1～2 時間振とうさせながら脱色を行う。この作業を 3～4 回繰り返す。

第4章 アミノ酸・タンパク質に関する実験

D. ゲルの撮影
1. フラットパネル(ライトボックス)の上にラップをかけ,その上にゲルをのせる。
2. ゲル撮影装置(またはデジタルカメラ)でゲルを撮影する。

[結 果]
　片対数グラフ用紙を用い,スタンダード試料に含まれる各タンパク質の移動距離と分子量との関係を示す検量線を作製する(横軸に移動距離または相対移動度,対数目盛りの縦軸に分子量)。この検量線から,各試料に含まれるタンパク質の分子量を求める。

[備 考]
1. 分子量マーカーの組成は次のとおりである。

Protein	Source	MW	Color
Myosin	Rabbit skeletal muscle	200,000	Blue
β-galactosidase	E.coli	116,250	Magenta
Serum albumin	Bovine	66,200	Green
Carbonic anhydrase	Bovine	31,000	Violet
Trypsin inhibitor	Soybean	21,500	Orange
Lysozyme	Hen egg white	14,400	Red
Aprotinin	Bovine pancreas	6,500	Blue
Insulin	Bovine	3,496	Blue

2. ポリアクリルアミドゲルは自作できるが,本実験では市販品を用いる。

[課 題]
1. ポリアクリルアミドゲルの濃度とタンパク質の分子量の関係について考察する。
2. サンプルにはアクチンやミオシンなどのタンパク質が含まれているか。含まれているとすれば分子量はおよそどのくらいであると推定できるか。
3. 実験が失敗した場合その理由を考察する。
　例)バンドが見えない。バンドが斜めになっている。

[コラム]

分子量と分子質量

　分子量(molecular weight)は ^{12}C 1 原子の 1/12 の質量に対するある分子の質量比(相対質量;relative molecular mass)として定義され,M あるいは Mr と表記される。相対比であるので次元はなく,分子量に単位はない。
　分子の質量(molecular mass)の単位はダルトン(あるいはドルトン)といい,Da という記号が使われる。1 Da は 1 つの ^{12}C 原子の 1/12 の質量($=1.661\times10^{-27}$ kg)である。タンパク質分子は,分子質量で表記されることが一般的に行われる。例えば,40 kDa(キロダルトン)のタンパク質というと,これは,分子量が 4 万のタンパク質ということである。上述のように,分子量に単位はないので,例えば,分子量が〜ダルトンというように分子量にダルトンを付すことは間違いである。

5 酵素に関する実験

5-1 酵素反応の基礎実験

　体内の代謝過程や種々の生体反応を理解するためには，酵素およびそれに触媒される反応について，実験を通して理解を深めることが特に重要である．そのための基礎的練習として，アルカリホスファターゼを用いて以下の実験を行う．

　アルカリホスファターゼは最適pHがアルカリ性のホスホモノエステラーゼで，非常に広い基質特異性をもち，種々のリン酸モノエステルを加水分解し無機リン酸を生ずる亜鉛酵素である．広い分布を示し，生体内の機能は不明なものが多いが，細胞表層のものは栄養の吸収，運搬に働くと考えられている．近年は，酵素免疫測定法（ELISA）による微量の抗原や抗体の検出に非常に広範に用いられている．

原　理

　本実験では，p-ニトロフェニルリン酸(NPP)を基質として用いる．酵素（アルカリホスファターゼ）を基質と共にインキュベイトして反応を進行させる．反応液にNaOHを加えて酵素反応を止めると共に，生成したp-ニトロフェノール(NP)をアルカリ性のもとで発色させる（下図）．黄色に発色した液の吸光度を400 nmで測定する．

試　薬

0.2 M グリシン-NaOH 緩衝液（pH 10.0）

10 mM p-ニトロフェニルリン酸，1 mM p-ニトロフェノール

　酵素液：アルカリホスファターゼ（SIGMA, P-7640；牛小腸粘膜由来）を 0.1 M NaCl，2 mM $MgCl_2$，1 mM $ZnCl_2$ 溶液に 0.01 mg/mL となるように溶かす．

5-1-1　検量線の作製

操　作

1. 検量線作製のための試料を下表のとおり調製する（単位はいずれも mL）．

	試験管番号				
	1	2	3	4	5
水	1.5	1.4	1.3	1.1	0.7
0.2M グリシン-NaOH 緩衝液	0.5	0.5	0.5	0.5	0.5
1 mM p-ニトロフェノール	0	0.1	0.2	0.4	0.8
65mM NaOH	3.0	3.0	3.0	3.0	3.0

第5章　酵素に関する実験

2. 各試料溶液を試験管ミキサーで十分混和した後，400 nm での吸光度を測定する。

3. グラフの横軸にp-ニトロフェノール量(μmol)，縦軸に吸光度をとり，検量線を作製し，一次回帰式を求める。

5-1-2　反応の経時変化

酵素活性は，液の pH，基質濃度，反応時間など，種々の因子によって影響される。試料(血漿，組織抽出液，食品など)の活性測定にあたっては，最大活性が得られるような至適条件を用い，初速度を測定しなければならない。後述の反応速度論実験では，初速度の測定が特に重要である。酵素反応の速度は，反応の初期には一定であるが，時間の経過と共に低下してくる。速度が一定に保たれる反応初期の値を初速度という。

［操 作］

1. 氷冷した試験管に，下記の液を上から順に加え(単位はいずれも mL)，撹拌して混和する。

	試験管番号	
	B1〜B5	1〜5
0.2M グリシン-NaOH 緩衝液	1.0	1.0
水	0.8	0.7
10 mM p-ニトロフェニルリン酸	0.2	0.2
酵素液	0	0.1

2. 各試験管を 37℃ の振とう恒温槽に入れ，0，10，20，30，40 分後に，それぞれブランク(B)試験管 1 本および酵素入り試験管 1 本を取り出して，3.0 mL の 65 mM NaOH を加えて混和して反応を停止させ，400 nm での吸光度を測定する。ただし，0 分の試料は恒温槽に入れずに，調製後直ちに 65 mM NaOH 液を加え，吸光度を測定する。

3. 検量線から各反応時間に生成したp-ニトロフェノール量を求め，反応時間を横軸に，生成量(μmol)を縦軸にとってプロットする。グラフの直線部分から初速度を求め，初速度の持続する時間に注目する。

5-1-3　酵素濃度の影響

初速度が測定される条件の下では，反応速度と酵素量とは比例する。酵素量がある程度以上になるとこの比例関係が成立せず，初速度は測定できなくなる。ここでは，酵素量(濃度)を変化させて活性を測定する。

［操 作］

1. 氷冷した試験管に，下記の液を上から順に加え(基質であるp-ニトロフェニルリン酸を最後に)，混和する(単位はいずれも mL)。

	試験管番号					
	1	2	3	4	5	6
H_2O	1.3	1.25	1.2	1.1	0.9	0.5
0.2M グリシン-NaOH 緩衝液	0.5	0.5	0.5	0.5	0.5	0.5
酵素液	0	0.05	0.1	0.2	0.4	0.8
10 mM p-ニトロフェニルリン酸	0.2	0.2	0.2	0.2	0.2	0.2

2. 各試験管を恒温槽に入れ，37℃で20分間保持する。

3. 反応後，3.0 mL の 65 mM NaOH 液を加え混和し反応を停止させ，400 nm での吸光度を測定する。検量線から生成物（p-ニトロフェノール）の量を求め，酵素量（μg）に対して生成量をプロットする。直線部分から，測定可能な酵素量の範囲を知ることができる。

備　考

この方法は，アルカリホスファターゼの広い基質特異性と，p-ニトロフェノールのアルカリ溶液中での可視部吸収を利用した特殊な方法であるが，極めて簡単なためよく用いられる。

課　題

酵素活性は pH の影響を受けるが，pH 9.0 ～ 11.0 のグリシン-NaOH 緩衝液を調製し，アルカリホスファターゼ活性の pH 依存性を調べてみる。

5-2 酵素反応速度論 (Enzyme kinetics)

酵素を E, 基質を S, 生成物を P で表すと, 酵素の反応の進行は以下のように示される。

$$E + S \underset{k_{-1}}{\overset{k_{+1}}{\rightleftarrows}} ES \overset{k_{+2}}{\longrightarrow} E + P$$

k_{+1}, k_{-1}, k_{+2} は速度定数。

この反応は, 酵素(E)に基質(S)が結合して酵素 - 基質複合体(ES)ができ, 最後に生成物(P)が酵素から解離するというものである。

酵素分子の中で, 基質が特異的に結合し(基質結合部位), 触媒作用を受ける(触媒部位)部位を酵素の活性中心という。活性中心は酵素タンパク質の小部分で基質に特有な立体構造をしている。基質が酵素に結合し酵素・基質複合体が形成されると, その中で酵素と基質の構造が変化して生成物への移行が容易になり, 反応速度が数千倍以上に加速される。これが酵素の触媒作用である。酵素の触媒能力は反応速度によって数量的に表される。これを酵素活性といい, 単位量の酵素がはたらく単位時間内の基質の減少量, あるいは生成物の増加量を測定して求める。

酵素活性は基質の濃度に大きく依存する。この依存性は生体内の反応速度の調節に役だっている。酵素反応の速度と基質濃度との間にミカエリス - メンテン(Michaelis-Menten)の式が成り立つ。

$$v = \frac{V_{max}[S]}{K_m + [S]}$$

ここで v は反応速度, [S]は基質濃度, V_{max} は最大速度, K_m はミカエリス定数である。

反応速度は基質濃度の増加に伴って増加するが, 一定値(最大速度, V_{max})以上大きくならない。V_{max} の 1/2 の速度を示す時の基質濃度は K_m と等しくなる。

K_m は酵素と基質の親和性の目安となり, K_m が大きいことは, 酵素と基質との親和力が低いことを, 一方, K_m が小さければ, 酵素と基質との親和力が高いことを意味する。

速度パラメータ K_m と V_{max} を求めるには, Michaelis-Menten 式を直線型に変換すると便利で, この式の逆数をとると,

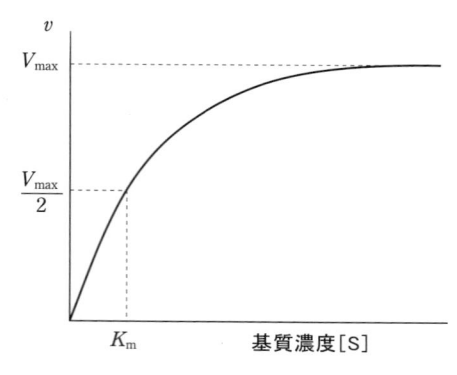

反応速度曲線

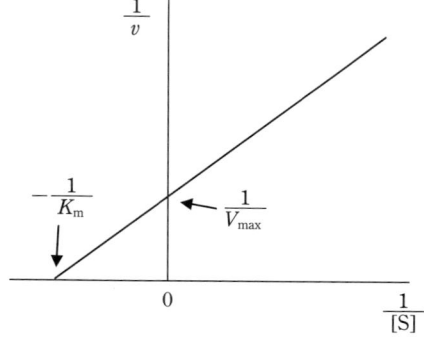

Michaelis 定数の決定
(Lineweaver-Burk プロット)

$$\frac{1}{v} = \frac{K_\mathrm{m}}{V_\mathrm{max}} \cdot \frac{1}{[\mathrm{S}]} + \frac{1}{V_\mathrm{max}} \quad となり,$$

$1/v$ を $1/[\mathrm{S}]$ に対してプロット(Lineweaver-Burk プロット)して得られる直線のX軸との交点が $-1/K_\mathrm{m}$, Y軸との交点が $1/V_\mathrm{max}$ となり, K_m と V_max とを求めることができる。

5-2-1　アルカリホスファターゼ活性測定による K_m と V_max の決定

前項で用いたアルカリホスファターゼを使って K_m と V_max を求めてみる。

試薬

前項 5-1 を参照のこと。

操作

1. 下表のとおり氷冷試験管に基質濃度の異なる反応液を調製する。(単位はいずれも mL)

試験管番号	1	2	3	4	5	6
最終基質濃度 (mM)	0	0.1	0.2	0.5	1.0	2.0
水	1.4	1.2	1.0	1.3	1.2	1.0
0.2M グリシン-NaOH 緩衝液 (pH 10.0)	0.5	0.5	0.5	0.5	0.5	0.5
1 mM p-ニトロフェニルリン酸	—	0.2	0.4	—	—	—
10 mM p-ニトロフェニルリン酸	—	—	—	0.1	0.2	0.4

2. これらに酵素液(アルカリホスファターゼ, 0.01 mg/mL)を 0.1 mL 加えて, 37℃ で 10 分間反応させる。各々に 3 mL の 65mM NaOH を加えよく混和して反応を停止させ, 生成した p-ニトロフェノール量を 400 nm での吸光度から求める。

3. 得られた値を基にして Lineweaver-Burk プロットを作製し, K_m と V_max を求める。

課題

1. 酵素活性の阻害を調べてみる。

　β-グリセロリン酸はアルカリホスファターゼの基質の一つであるが, p-ニトロフェニルリン酸がこの酵素で分解されるとき拮抗的に働く。あたかも阻害剤のように振る舞い p-ニトロフェノールの生成を抑制するので, 阻害のタイプならびに K_i を求めることができる。

　上記の操作1の表の各試験管に 50 mM β-グリセロリン酸を 0.2 mL ずつ加え, 同時に水の添加量を 0.2 mL ずつ少なくした試料を調製して, 同様の活性測定を行う。Lineweaver-Burk プロットを作製して阻害剤のない場合と比較する。

5-3 乳酸デヒドロゲナーゼの活性測定

　乳酸デヒドロゲナーゼ(LDH)は解糖系のピルビン酸−乳酸の反応に関わる酵素である。細胞内が嫌気的であれば、ピルビン酸から乳酸への反応が進む。例えば、運動中の骨格筋細胞は酸素の供給が不足し、乳酸生成が増加する。この酵素には5種類のアイソザイムが存在していることがわかっている。これらはそれぞれの組織に見合った特徴を持っている。本実験では酵素反応の反応速度と基質濃度の関係について、LDHを用いて調べる。

> 原　理

　ピルビン酸から乳酸への反応は下図のような反応式で進む。本実験では、基質のピルビン酸量の変化を観察することにより、乳酸デヒドロゲナーゼの活性を調べる。ピルビン酸は 2,4-ジニトロフェニルヒドラジンで発色させることで、定量的にピルビン酸量を測定することが可能となる。これにより反応終了後に残存している基質(ピルビン酸)量を測定することが可能となる。他に、340 nm での吸光度から NADH の減少量を測定することにより、酵素反応を観察することも可能である。

$$\text{ピルビン酸} \underset{\text{乳酸デヒドロゲナーゼ (LDH)}}{\overset{NADH + H^+ \quad NAD^+}{\rightleftarrows}} \text{乳酸}$$

> 試　薬

　1/15 M リン酸緩衝液(pH 7.4)、1 M HCl、0.4 M NaOH、
　0.08% 2,4-ジニトロフェニルヒドラジン(DNP)(2 M HCl に溶解させる)、
　0.86 mM、0.43 mM、0.22 mM、0.11 mM、0.055 mM ピルビン酸溶液(いずれも 1/15 M リン酸緩衝液、pH 7.4 に溶解させる)、
　0.125% NADH(補酵素液)、LDH 溶液(骨格筋由来) 1 unit/mL。

> 器具・実験装置

　試験管、マイクロピペット(もしくはメスピペット)、恒温槽、分光光度計、タッチミキサー

> 操　作

1. 試験管を 12 本用意し、0.86 mM、0.43 mM、0.22 mM、0.11 mM、0.055 mM ピルビン酸の各々を 2 本の試験管に 0.5 mL 入れる(未反応および反応終了試料用)。残りの 2 本の試験管はブランク用とし、ピルビン酸は入れない。ただし、ブランクには基質の代わりに 1/15M リン酸緩衝液(pH 7.4)を 0.5 mL 入れる。

2. 各試験管に補酵素溶液(NADH)0.2 mL を分注する。ただし、ブランクには基質の代わりに 1/15 M リン酸緩衝液(pH 7.4)0.5 mL を入れる。

3. 37℃の恒温槽中で 5 分間保持する。

4. 未反応サンプルの試験管すべてに 1 M 塩酸を 0.25 mL ずつ添加し、混合する。

5. LDH 溶液 0.05 mL を 0.86 mM ピルビン酸溶液に添加し，ただちに混ぜて，37℃で加温する。ここでストップウォッチをスタートさせる。一定時間後（例えば，30 秒後）に酵素液 0.05 mL を次の試験管（0.43 mM）に添加し，ただちに混ぜて，37℃で加温する。30 秒経過ごとに LDH 溶液を次の試験管に添加していく。この方法ですべての試験管に酵素液を添加する。反応させる時間はいずれの試験管も正確に 10 分間とする。

6. 10 分経過したものから順に，未反応サンプルの試験管は取り出し，反応サンプルには 1 M 塩酸を 0.25 mL 入れてよく混ぜ，取り出す。

7. 新しい試験管を 6 本用意し，水（ブランク），標準Ⅰ（0.43 mM ピルビン酸），標準Ⅱ（0.86 mM ピルビン酸）を各々 2 本の試験管に 0.5 mL ずつ分注する。

8. それぞれに水 1.25 mL，次いで，1 M 塩酸を 0.25 mL 添加して混合する。

9. 各試験管（4. で反応させた試験管と 7. で準備した標準）に 0.08% DNP を 0.25 mL 添加し，混合する。

10. 室温で 20 分間放置後，各試験管に 0.4 M 水酸化ナトリウム溶液を 2.5 mL 加え，よく混ぜる。

11. 510 nm での吸光度を測定する。

> 結果・計算

1. 標準の分析結果より，検量線を作成し，各サンプルの結果から試験管内の残存ピルビン酸量（mol）を求める。

2. 基質濃度ごとの未反応（反応スタート時）から反応終了時のピルビン酸量を差し引くことにより，生成乳酸量（mol）を求めることができる。

3. 反応時間を考え，1 分あたりの乳酸生成量（ピルビン酸利用量）を求め，反応速度（nmol/min）を求める。

4. 基質濃度を X 軸，反応速度を Y 軸としてグラフを作成する。

5. 前項 5-2 を参考に，Lineweaver-Burk プロットを作製し，V_{max} と K_m を求める。

> 課題

1. NADH の有無で酵素反応を行い，補酵素が酵素反応に与える影響を調べる。

2. 酵素反応に与える pH，反応時間，反応温度の影響を調べる。

3. 骨格筋由来および心筋由来の乳酸デヒドロゲナーゼを用い，アイソザイムについて理解する。

4. 一般的に示されている心筋由来の LDH の V_{max} と K_m 値を調べ，骨格筋由来や肝臓由来の LDH のそれらの値と比較し，考察する。

第5章　酵素に関する実験

5-4　唾液アミラーゼによるデンプンの加水分解

　アミラーゼ(amylase)はジアスターゼ(diastase)とも呼ばれ，デンプンを加水分解する酵素の総称である。デンプンはグルコースの重合体であり，構造的には枝鎖のない分子量約5万～20万程度のアミロース($\alpha 1 \rightarrow 4$ 結合)が20～25％と，枝鎖の多い分子量100万程度のアミロペクチン($\alpha 1 \rightarrow 6$ 結合で枝分かれしている)75～80％から成っている。唾液にはアミラーゼの一種であるαアミラーゼが含まれているが，αアミラーゼはデンプンの$\alpha 1 \rightarrow 4$ 結合をランダムに切断するエンド型の酵素であり，この作用によって，マルトースやグルコース，ならびに枝分れ部の$\alpha 1 \rightarrow 6$ 結合が切断されないことによる分解残物である限界デキストリンが生じる。口中でのαアミラーゼによる糖類の加水分解は消化吸収の第一段階となっている。

原　理

　グルコースのような還元糖の定量に用いられる試薬に，3,5-ジニトロサリチル酸がある。3,5-ジニトロサリチル酸(黄色)は，アルカリ域で還元糖の存在により，3-アミノ-5-ニトロサリチル酸(赤色)に還元され，この反応は540 nmでの吸光度を測定することによって検出できる。

試料・試薬

　0.2％ 可溶性デンプン溶液：5 mM NaCl - 20 mM リン酸緩衝液(pH 7.0)に溶解させる。

5-4 唾液アミラーゼによるデン粉の加水分解

アミラーゼ：唾液を蒸留水で 100 倍に希釈する（唾液 0.05 mL ＋ 蒸留水 4.95 mL）
　口中に脱脂綿あるいはガーゼを入れてだ液を吸収させ，これを小ビーカーに取り出し，ガラス棒を押し付けてだ液を絞り出して採取する。
ジニトロサリチル酸試薬：3,5-ジニトロサリチル酸 1 g に 20 mL の 2 M NaOH と 50 mL の水を加えて加温しながら溶解させ，さらに酒石酸カリウムナトリウムロッシェル塩 30 g を加えて溶解させ，水を加えて 100 mL とする。

器具・装置
試験管，ピペット，水槽（沸騰水），分光光度計

操　作
1. 6 本の試験管の各々にデンプン溶液 1.0 mL を入れる。
2. 1 本目の試験管を反応時間 0 分目用とし，これには 1 mL のジニトロサリチル酸試薬を加えてから，次いで 0.5 mL の希釈唾液を加えて撹拌する。
3. 残りの 5 本の試験管には 0.5 mL の希釈唾液を加えて撹拌し，反応を開始させる。各々の試験管の反応時間は，2, 5, 10, 20, 30 分とし，所定の時間に達したなら，1 mL のジニトロサリチル酸試薬を加えて撹拌し，反応を停止させる。
4. 反応終了後の試験管を 100℃ の水浴中で 5 分間保持する。
5. 試験管を水道水で冷却し，室温程度にまで温度が下がったなら，すべての試験管に 5.0 mL の水を加えて撹拌する。
6. 各試験管の 540 nm での吸光度を測定する。
7. グラフの横軸に反応時間，縦軸に吸光度を目盛って作図する。

備　考
　吸光度の増加は，デンプンの分解によって生成したグルコース，マルトース，限界デキストリンなどの増加を意味している。なお，デンプンを完全に加水分解するには，1M HCl 中で 100℃ に加熱し，NaOH で中和した後にグルコース量を測定する。

第5章　酵素に関する実験

5-5　トリプシンによるカゼインの加水分解

　プロテアーゼ（タンパク質分解酵素）はタンパク質分子を構成するポリペプチド鎖のペプチド結合を加水分解し，その結果，タンパク質分子は分解されて低分子量のペプチドが生じる。このようなタンパク質の加水分解は消化管での消化作用のみならず，細胞内でのタンパク質の代謝回転にも重要な役割を果たしている。本実験では消化管内に分泌されるプロテアーゼの１つであるトリプシンの活性を測定する。

▢原　理

　トリプシンはすい液に含まれて十二指腸に分泌されるプロテアーゼで，タンパク質ペプチド鎖中のアルギニンとリジン残基のC端側のペプチド結合の加水分解を触媒する消化酵素である。本実験ではカゼインを基質として，トリプシンを加えて一定時間反応させた後，タンパク質変性剤であるトリクロロ酢酸（TCA）を加えて反応を停止させ，遠心分離後，上清部の紫外部吸収を測定する。未分解のカゼインはTCAによって不溶化して沈殿部に移行し，カゼインの分解の結果生じた低分子ペプチドは可溶性のため上清部に残り，このペプチド濃度は280 nmでの吸光度によって測定できる。

▢試料・試薬

　1%カゼイン溶液（2 gのカゼインを4 mLの1 M NaOHを含む180 mLの水に溶解させる。
　　溶解後，1 M HClでpHを8.5に調整し，水を加えて200 mLとする）
　1%トリプシン溶液（1 g/100 mL，用時調製）
　10% TCA（トリクロロ酢酸）

▢器具・装置

　試験管，メスピペット，20 mL三角フラスコ，分光光度計，石英セル

▢操　作

1. 6本の試験管の各々に2.0 mLのTCA溶液を入れる。この内の1本にはカゼイン溶液を1.82 mL，次いで0.18 mLのトリプシン溶液を入れて直ちに撹拌する。これは，反応時間0の試料となる。

2. 三角フラスコに1%カゼイン溶液を10 mL入れる。

3. カゼイン溶液にトリプシン溶液を1 mL加え，素早く撹拌すると同時にストップウォッチで時間を計り始める。この時，激しく撹拌するとタンパク質が泡立ち，変性するので，穏やかに撹拌すること。

4. 反応開始後2分の10～20秒前に，メスピペットで反応混液の2 mLを取り，正確に2分目にTCA溶液に入れ，直ちに激しく撹拌して反応を停止させる。同様の操作を，5, 10, 20, 30分目にも行う。

5. 反応を停止させた溶液6本を遠心分離（3,500 rpm，10分間）する。未分解タンパク質は沈殿となり，生じた低分子ペプチドは上清部に残る。

6. 上清部を2 mL駒込ピペットを用いて，沈殿部や溶液表面に浮かぶ変性タンパク質を

混入させないように石英セルに取り，280 nm と 320 nm での吸光度を測定する。（駒込ピペットのゴム球部分をいっぱいに押したまま，先端部を上清部に入れ，ゴム球を緩めながらゆっくりと吸い上げ，ゴム球を完全に開放した状態で吸光度測定にちょうど良い量が取れる。）

7. グラフの横軸に時間，縦軸に吸光度(すなわち，低分子ペプチドの増加)を目盛り作図する。

備　考

遠心分離後の上清部に濁りがある場合には，280nm での吸光度に加えて 320nm での吸光度(濁度由来)も測定し，$A_{280} - 1.5 \times A_{320}$ を正味の吸光度として用いる。

6 脂質に関する実験

6-1 ラット肝臓からの脂質の抽出と定量

　脂質は生体成分の中で，水に不溶で有機溶媒に可溶な物質である。脂質は組織中でタンパク質や糖類と van der Waals 力，疎水性相互作用，イオン結合，水素結合などで結合している。このため，組織から脂質を抽出するためには，これらの結合を切断するような処理を行う必要がある。疎水的な結合はクロロホルムやベンゼンあるいはジエチルエーテルのような極性の低い溶媒によってこわすことができる。一方，水素結合やイオン結合を切るためにはエタノールやメタノールのような極性溶媒が使われる。個々の脂質は組織内での存在様式や他成分との結合状態が様々であり，そのため種々の抽出方法が考案されている。本実験では，組織から総脂質画分を得るのに適している Folch 法によって肝臓から脂質を抽出し，さらに得られた脂質を使って中性脂肪の定量を試みる。

6-1-1 脂質の抽出

試料・試薬
　試料：ラットまたはブタ肝臓
　クロロホルム・メタノール混液（2:1, v/v）

器具・装置
　共栓付遠沈管，試験管，駒込ピペット，パスツールピペット，分液ろ紙（アドバンテック；No. 2S など），ホモジナイザー（なければ乳鉢と乳棒），遠心分離機

操作

1. 細切した肝臓約 1 g を量り取り，ホモジナイザーに入れ，10 mL のクロロホルム・メタノールを加えてホモジナイズする（乳鉢を使っても良い）。
2. 遠心分離（3,000 rpm，5 分）後，残渣を 5 mL のクロロホルム・メタノールでさらに 2 回抽出し，これらの抽出液を合わせる（容量を測定すること）。遠心分離機が利用できない場合は，分液ろ紙を使ってろ過しても良い。
3. 抽出液 10 mL を共栓付き遠沈管（50 mL）に取って，40 mL の水を加えて撹拌し，静置するかあるいは遠心分離（3,000 rpm，5 分）によって 2 層に分離させる。
4. 下層を回収し，ドラフト内で 80℃ に加温して溶媒を除去し，乾固させる。
5. 乾固した脂質に 2.0 mL のクロロホルム・メタノール混液を加えて溶かす。

結果
　肝臓の単位重量あたりどれだけの脂質が回収されたかを求めよ。

6-1-2 中性脂肪の定量

原理

脂質中の中性脂肪（トリグリセリド）にリポプロテインリパーゼ，グリセロールキナーゼ，グリセロール-3-リン酸オキシダーゼを作用させた際に生じる過酸化水素は，ペルオキシダーゼの作用により DAOS（3,5-ジメトキシ-N-エチル-N-(2-ハイドロキシル-3-スルホプロピル)-アニリンナトリウム）と4-アミノアンチピリンとを定量的に酸化縮合させて青色に色素を生成させる。

トリグリセリド + $3H_2O$ $\xrightarrow{LPL}$ グリセリン + 3脂肪酸

グリセリン + ATP $\xrightarrow{GK}$ グリセロール-3-リン酸 + ADP

グリセロール-3-リン酸 + O_2 $\xrightarrow{GPO}$ ジヒドロキシアセトンリン酸 + H_2O_2

試料・試薬

試料：肝臓より抽出した脂質溶液

市販のトリグリセリド測定用キット（トリグリセライド E-テストワコー；和光純薬）

器具・装置

恒温水槽，分光光度計，試験管

操作

1. 試験管を 5 本用意し，各々にトリグリセリド標準液（300 mg/dL）を 0, 5, 10, 15, 20 μL 入れ，さらに溶解液を加えて各試験管の全量を 20 μL とする。これらは検量線作成用試料となる。別の試験管 1 本に 6-1-1 で得た試料を 20 μL 入れる。
2. 各試験管に発色試液を 3.0 mL 加え，よく混和して 37℃で 5 分間加温する。
3. 各試料の 600 nm での吸光度を測定し，検量線用試料の吸光度から検量線（一次回帰式）を求める。

第6章　脂質に関する実験

結　果

検量線の一次回帰式の y に試料の吸光度を代入して試料のトリグリセリド濃度 (x) を求め，中性脂肪量（mg/g 肝）を算出せよ。

6-2　遊離脂肪酸の定量

　遊離脂肪酸(FFA または NEFA; non-esterified fatty acid)はその大部分がアルブミンと結合して血液中を循環している。健常人血清(血漿)中に存在する FFA はおよそオレイン酸(C_{18})54％，パルミチン酸(C_{16})34％，ステアリン酸(C_{18})6％であり，その他ラウリン酸，ミリスチン酸，アラキドン酸などが少量存在する。FFA は，リポタンパクリパーゼやホルモン感受性リパーゼなどによってトリグリセリドが酵素水解によって生成するが，他の脂質にくらべると血中濃度は低く，総脂肪酸の 4 〜 5 ％にすぎない。代謝活性はきわめて高く，脂質代謝や糖代謝，内分泌機能の影響を受ける。血中の半減期は 1 〜 2 分といわれる。血中濃度は食餌の影響を大きく受け，糖負荷試験における血糖の上昇と逆の経過をたどる。したがって測定にあたって空腹時の採血が必須である。また，精神状態によっても変動するので精神的，身体的な安静が原則である。基準値は，0.12 〜 0.60 mEq/L である。
　本実験では，板谷・宇井法を用いて遊離脂肪酸(FFA または NEFA)の定量を行う。

原　理

　FFA をクロロホルムで抽出し，銅試薬でクロロホルムに可溶性の錯塩とした後，錯塩中の Cu^{2+} をキレート試薬であるジエチルジチオカルバミン酸で発色させる。発色後，生じた褐色キレートの吸光度を 440 nm で測定する。

器　具

　口径 18 mm の共栓付試験管および試験管(清浄であること)，分光光度計，メスピペット(5 mL，2 mL)，パスツールピペット，アスピレーター

試　薬

　35 mM リン酸緩衝液(pH 6.5)，クロロホルム，6.45％ 硝酸銅溶液($Cu(NO_3)_2 \cdot 3H_2O$ 6.45 g を水に溶かして 100 mL とする)，1M トリエタノールアミン(TEA)(トリエタノールアミン 13.2 mL に水を加えて 100 mL とする)，銅試薬(1M TEA，1M 酢酸，6.45％ 硝酸銅溶液を 9：1：10 で混和)，発色試薬(ジエチルジチオカルバミン酸 50 mg を n-ブタノールで溶かして 50 mL とする，0.1％溶液)，0.5 mM パルミチン酸標準溶液(パルミチン酸 51.3 mg をクロロホルムに溶かして 400 mL とする)

操　作

1. 共栓付試験管を 3 本用意し，各々に，血清(血漿) 0.3 mL，0.5 mM パルミチン酸標準溶液 0.3 mL，水 0.3 mL(ブランク試料)を入れ，次いでリン酸緩衝液 2 mL とクロロホルム 6 mL を入れて 90 秒間激しく振とう後，さらに 60 秒間振とうする。
2. 15 分以上静置した後，上層をパスツールピペットで吸引除去する。
3. 銅試薬 3 mL を加え，栓をして 30 回上下に振とうする。15 分間以上放置した後，銅試薬層をパスツールピペットで吸引除去する。
4. 残ったクロロホルム層に発色試薬 0.5 mL を加えて発色させた後，440 nm での吸光度を測定する。

計算

$$\text{血清(血漿)FFA 濃度(mEq/L)} = \frac{\text{血清(血漿)の吸光度}}{\text{パルミチン酸溶液の吸光度}} \times 0.500$$

課題

1. 血中遊離脂肪酸の高値および低値を示す身体の異常について調べなさい。
2. FFA 代謝の概要について調べなさい。

参考　酵素法による遊離脂肪酸の測定

従来の測定法として有機溶媒で抽出する抽出法が採用されてきたが，この方法は操作が煩雑であった。本実験で行うアシル CoA オキシダーゼ(ACOD)を用いた酵素法は，温和な条件で測定可能で，簡便であり特異性に優れている。

原理

試料中の遊離脂肪酸(NEFA)は，CoA と ATP の存在下でアシル CoA シンセターゼ(ACS)の作用により，アシル CoA，AMP およびピロリン酸(PPi)を生成する。生成したアシル CoA はアシル CoA オキシダーゼ(ACOD)の作用によって酸化され，同時に 2,3-*trans*-エノイル CoA および過酸化水素を生成する。生成した過酸化水素は，ペルオキシターゼ(POD)の作用により，3-メチル-*N*-エチル-*N*-(β ヒドロキシエチル)-アニリン(MEHA)と 4-アミノアンチピリンとを定量的に酸化縮合させ青紫色の色素を生成させる。この青紫色の吸光度を測定することにより試料中の NEFA 濃度を求めることができる。

$$\text{RCOOH} + \text{ATP} + \text{CoA} \xrightarrow{\text{ACS}} \text{Acyl-CoA} + \text{AMP} + \text{PPi}$$

$$\text{Acyl-CoA} + \text{O}_2 \xrightarrow{\text{ACOD}} \text{2,3-trans-Enoyl-CoA} + \text{H}_2\text{O}_2$$

$$2\text{H}_2\text{O}_2 + \text{4-アミノアンチピリン} + \text{MEHA} \xrightarrow{\text{POD}} \text{青紫色色素} + \text{OH}^- + 3\text{H}_2\text{O}$$

> **試薬・器具**

NEFA C- テストワコー（和光純薬；以下の試薬を含んでいる）

発色試薬 A ［50 mM リン酸緩衝液（pH 7.0）に，0.73 mM CoA，4.5 mM ATP，ACS 0.27 unit/mL，1.5 mM 4-アミノアンチピリン，アスコルビン酸オキシダーゼ 2.7 unit/mL となるように溶解させた溶液］

発色試薬 B ［1.2 mM MEHA に ACOD を 5.5 unit/mL，POD を 6.8 unit/mL となるように溶解させた溶液］

オレイン酸標準液（1 mEq/L）

試験管，メスピペット（1 mL, 2 mL），マイクロピペット（50 μL），恒温水槽，分光光度計

> **操　作**

1. 検量線作成のための溶液調製

下表に従って 5 本の試験管に標準液と蒸留水とを混合し，検量線作成用標準液を調製する。

	オレイン酸濃度（mEq/L）				
	0	0.25	0.5	0.75	1.0
標準液（μL）	0	12.5	25.0	37.5	50.0
蒸留水（μL）	50.0	37.5	25.0	12.5	0

2. 上記の 5 種類の検量線用標準液，ならびに別の試験管に取った血清 50 μL にそれぞれ発色試薬 A を 1.0 mL ずつ加えて良く撹拌し，37℃で 10 分間加温する。

3. 加温後，各々の試験管に発色試薬 B を 2.0 mL 加えて良く撹拌し，さらに 37℃で 10 分間加温する。室温に戻した後，30 分以内に各試料の 550 nm での吸光度を測定する。

4. グラフの横軸にオレイン酸濃度，縦軸に吸光度を目盛って検量線（回帰直線）を作成し，試料血清中の遊離脂肪酸濃度を求める。

> **備　考**

Eq：equivalent（当量）

血清中の遊離脂肪酸にはオレイン酸（C18：1）以外にもパルミチン酸（C16：0）やステアリン酸（C18：0）なども含まれるが，これら全てをオレイン酸と見なした量として Eq を単位として使っている。

第6章　脂質に関する実験

6-3　コレステロールの定量

　コレステロールは動物細胞の生体膜の構成成分であるとともに，胆汁酸，性ホルモン，副腎皮質ホルモン，ビタミンDなどの前駆体となっている。血中でのコレステロールは主として低密度リポタンパク質(LDL)と高密度リポタンパク質(HDL)などに存在し，総コレステロールの約 2/3 がエステル型，1/3 が遊離型である。肝臓はコレステロール代謝の主要な臓器でコレステロールの合成と胆汁酸への異化および胆汁中への排出を行う。腸管内に放出された胆汁酸は大部分が腸肝循環により肝臓に戻り，一部が糞便中に排泄される。肝臓でのコレステロール合成は1日約1 g，腸管からの食事由来のコレステロール吸収量は 0.3〜0.5 g で，糞便中への1日の排泄量はステロールおよび胆汁酸として約 1.5 g 程度である。血中のコレステロール濃度は肝臓および腸管におけるコレステロールの生成，吸収，異化や血中リポタンパク質代謝と密接に関係し，体内脂質代謝異常の指標として重要である。

原　理

　試料中のコレステロールエステルにコレステロールエステラーゼを作用させると，遊離型コレステロールと脂肪酸が生じる。これにコレステロールオキシダーゼを作用させると過酸化水素が生じ，ペルオキシダーゼの作用により DAOS と 4-アミノアンチピリンを定量的に酸化縮合させ青色の色素を生成する。この青色の吸光度を測定することにより試料中の総コレステロール濃度を求める。

$$\text{コレステロールエステル} + H_2O \xrightarrow{\text{コレステロールエステラーゼ}} \text{コレステロール} + \text{脂肪酸}$$

$$\text{コレステロール} + O_2 \xrightarrow{\text{コレステロールオキシダーゼ}} \Delta^4\text{-コレステノン} + H_2O_2$$

$2H_2O_2 +$ 4-アミノアンチピリン $+$ DAOS $\xrightarrow{\text{POD}}$ [青色色素] $OH^- + 3H_2O$

6-3 コレステロールの定量

[試薬・器具・実験装置]

総コレステロール測定用キット（コレステロール E- テストワコー；和光純薬）

イソプロパノール，コレステロール標準液（200 mg/dL）

試料：ヒト血清

[試薬・器具・実験装置]

マイクロピペット，試験管，分光光度計，恒温水槽，

[操作]

1. 下表に従って，検量線作製用のコレステロール溶液を調製する。

試験管番号	1	2	3
コレステロール濃度 (mg/dL)	50	100	150
コレステロール標準液 (mL)	0.25	0.5	0.75
イソプロパノール (mL)	0.75	0.5	0.25

2. 6本の試験管を用意し，上記の1～3のコレステロール溶液ならびに，コレステロール標準液原液の各々からマイクロピペットを使って 20 μL を入れる（合計4本）。さらに1本の試験管にはイソプロパノールを 20 μL を入れる（ブランク試料）。これらは検量線作成用試料となる。残り1本の試験管には血清（試料）を 20 μL 入れる。

3. これら6本の試験管に 3.0 mL の発色試薬を加えて良く撹拌する。

4. 37℃の恒温槽中に5分間保持する。

5. 600 nm での吸光度を測定する。

[結果・計算]

検量線作成用試料の吸光度から，検量線の一次回帰式（$y = a + bx$）を算出し，試料の吸光度を y に代入して x（濃度）を算出する。

[備考]

基準値は，130～220 mg/dL である。

[課題]

生体内のコレステロールの役割について調べる。

6-4　リパーゼによる脂質の加水分解

　リパーゼ（グリセロールエステルヒドラーゼ）はトリアシルグリセロールのグリセロールと脂肪酸の結合部位を加水分解して脂肪酸とジアシルグリセロール，モノアシルグリセロール，グリセロールと脂肪酸へと順次分解する。この実験では卵黄に含まれる脂質（中性脂質）がリパーゼ（膵リパーゼ：ステアプシン）で分解されていく様子を薄層クロマトグラフィーによって観察する。

［試　薬］

　リパーゼ溶液：300U/mL 10 mM $CaCl_2$ + 0.05 M Tris-HCl (pH 8.0)
　卵黄希釈液：卵黄を緩衝液（10 mM $CaCl_2$ + 0.05 M Tris-HCl，pH 8.0）で10倍に希釈する。
　標準試料：オレイン酸，モノオレイン，ジオレイン，トリオレインの3%懸濁液（5% Triton X-100に懸濁させる）
　脂質抽出用溶媒：クロロホルム・メタノール混液（2：1, v/v）
　薄層クロマトグラフィー用シリカゲルプレート（Silica gel 60 F254; Merck）
　展開溶媒：ヘキサン・エーテル・酢酸混液（80：20：2, v/v）
　ヨウ素蒸気槽：密閉容器中にヨウ素の結晶を入れ，ヨウ素蒸気を飽和させる。

［器　具］

　ネジ付き遠沈管，展開槽（1 L ビーカー），遠心分離器，毛細管，メスピペット（5 mL；クロロホルム・メタノール混液，2 mL；緩衝液，2 mL；卵黄希釈液，1 mL；反応混液，1 mL；リパーゼ），パスツールピペット，ストップウォッチ。

［操　作］

1. 下表に従って遠沈管に溶液を調製する。（＋は入れる，－は入れない）

試薬	添加量(mL)	①	②	③	④	⑤	⑥	⑦	⑧
a. クロロホルム・メタノール	4.0	＋	＋	＋	＋	＋	＋	＋	＋
b. 緩衝液	0.4	－	－	－	－	＋	＋	＋	＋
c. オレイン酸	0.3	－	－	－	－	＋	－	－	－
d. モノオレイン	0.3	－	－	－	－	－	＋	－	－
e. ジオレイン	0.3	－	－	－	－	－	－	＋	－
f. トリオレイン	0.3	－	－	－	－	－	－	－	＋

　注）クロロホルム・メタノール混液には安全ピペッターを使用のこと。

2. 試験管に緩衝液を1.3 mL，さらに卵黄希釈液を2.0 mL入れ，撹拌する（基質溶液）。ここから0.7 mLを取って①の遠沈管に入れ，栓をして5分間激しく振とうさせる（反応時間0の試料）。次に，残った基質溶液を37℃の恒温水槽に入れ5分間保持した後，リパーゼ溶液を1.0 mL加え撹拌すると同時にストップウォッチをスタートさせる（反応開始）。反応混液は恒温水槽に保持し続ける。

3. 反応2分目に反応混液の0.7 mLを②の遠沈管に入れ（30秒前から反応混液をピペット

に吸い上げて遠沈管に入れる準備しておく)，栓をして5分間激しく振とうさせる。これにより，反応が停止するとともに，脂質画分が有機溶媒層に移行する。同様の操作を，反応5分目(③の遠沈管へ)，15分目(④の遠沈管へ)に行う。反応混液以外の遠沈管もすべて振とうさせる。

4. 栓をはずし，2,500 rpm で5分間遠心分離し，上層部をパスツールピペットで取除き，さらに変性したタンパク質の薄膜を注意深く取除く。この時，完全に取除く必要はなく，下層のクロロホルム層を露出させる程度で良い。このクロロホルム層が薄層クロマトグラフィー用の検体となる。

5. 下図のように，シリカゲルプレートの下端から 1.5 cm のところに鉛筆で薄く線を引き(薄層を剥ぎ取らないよう注意)，さらに 1 cm 間隔で印を付ける。①〜⑧の検体を毛細管を用いて目印の位置にスポットする(5回重ね塗り)。

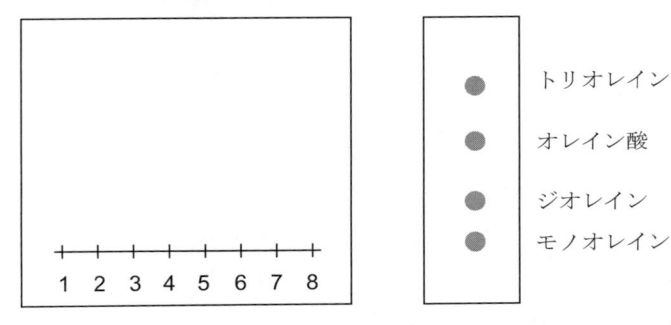

標準試料の展開パターン例

・トリオレイン
・オレイン酸
・ジオレイン
・モノオレイン

6. 試料をスポットしたプレートを展開槽に入れ，密封する。プレートの上端から 10〜15 mm まで展開溶媒が上昇したなら(約20分)プレートを取り出し風乾する。

7. ヨウ素の入った密閉容器にプレートを入れ，脂質が黄色いスポットになって現れるまで静置する(数分)。

結果

各検体のスポットの位置を標準試料のものと比較して，酵素反応によって何が生成したか，また反応時間の経過によって生成物にどのような違いがあるかを観察する。

7 核酸に関する実験

7-1 ラット肝臓からの核酸の抽出精製および定量

　近年，遺伝子工学の発達により，生体を構成するタンパク質や酵素の遺伝子が次々と同定され，生体における様々な生理作用の解明に大きく貢献すると同時に，その成果が医学や農学分野での応用を通じて私達の日常生活に関わり始めている。遺伝子の発現調節や構造の解析には，対象とする生物の遺伝子 DNA の調製が必要である。本実験ではラット肝臓からの DNA の抽出・精製を試み，DNA の化学的性質の理解と共に他の生体高分子（RNA，タンパク質，糖質，脂質）との違いを理解することを目的とする。

[原　理]

　界面活性剤である SDS と Proteinase K を用いて，組織，細胞，核を溶解すると同時にタンパク質を分解して，核酸を抽出する。この時 DNA 分解酵素が働かないようにキレート剤（EDTA）を加えて高温（55℃）でインキュベートする。次にタンパク質を変性させて除くために抽出液をフェノールやクロロホルムで処理する。その後，核酸の水溶液にエタノールを加えて核酸を析出させて分離し，さらに混在する RNA を酵素的に分解して精製 DNA を得る。

　なお，DNA は非常に細長い分子で切断されやすいので，撹拌は穏やかに行い（ボルテックスのような機械撹拌を行わない），ピペットは先端穴径の大きなものを使い，溶液をゆっくり出し入れする。

[試　薬]

ドライアイス（手袋や薬さじで扱う）

DNA 抽出緩衝液（0.15M NaCl，0.01M Tris-HCl（pH 8），0.01M EDTA，0.5% SDS，0.2 mg/mL Proteinase K）。なお，Proteinase K（Invitrogen 25530-049）は使用直前に加える。

中性フェノール（フェノールに 0.1% オキシキノリンを加え，0.1M Tris-HCl（pH 8）で平衡化した後，0.2% メルカプトエタノール，1 mM EDTA を加える）。

　[注] フェノールは皮膚につくと危険なので取り扱い時には，ゴム手袋ならびに眼鏡を着用する。また，撹拌時にはふたをしっかりして こぼさないように気をつける。

PCI（中性フェノール：クロロホルム：イソアミルアルコール =25：24：1 に混合する），エタノール（99%，70%），3M 酢酸ナトリウム（pH 5.2），

TE（10mM Tris-HCl，1mM EDTA，pH 8.0）

RNA 分解酵素（和光純薬 313-01461，TE に 0.5 mg/mL となるよう溶かす）

[器具・装置]

乳鉢，乳棒，手袋（軍手，ゴム手袋），プラスチック遠沈管（15 mL，50 mL），駒込ピペット（3 mL，2 mL，1 mL），先端を閉じたパスツールピペット，恒温水槽，遠心分離機，自

記分光光度計。

なお，DNA 分解酵素の混入を避けるため，器具，試薬ともに滅菌したものを用いる。

操　作

＜核酸の抽出・精製＞

1. 採取したラット肝臓は直ちにドライアイスをまぶして凍結させる。凍結した肝臓をサランラップで包み，木槌で粗く砕く。約 1 g の凍結組織片を採り，冷凍庫で予冷した乳鉢に入れ，ドライアイスの粉を加えて乳棒で粉末にする。途中でドライアイスを追加して凍結状態を保つ。

2. 10 mL の DNA 抽出緩衝液を入れた 50 mL 遠沈管に肝臓粉末を薬包紙を使って加え，ふたをして手でゆるやかに撹拌する。時々ふたを緩め，ガス抜きをする。

3. 55℃の恒温槽に入れ，時々緩やかに撹拌して 1 時間保温する。

4. ゴム手袋をして，中性フェノール 10 mL を加え，きっちりふたをして室温で 20 分間穏やかに上下反転しながら混合する。

5. 遠心分離（3,000 rpm，10 分間）して 2 層に分離させる。

6. 2 層に分離した上層（水層）を 3 mL の駒込ピペットでゆっくり吸って回収し，新しい 50 mL 遠沈管に移す。中間層を吸わないように取ると 7 〜 8 mL 回収される。

7. 回収した水層に等量の PCI を加えて，きっちりふたをして，穏やかに上下反転して 20 分間混合する。

8. 遠心分離（3,000 rpm，10 分間）して 2 層に分離する。

9. 2 層に分離した上層（水層）を 2 mL 駒込ピペットで白い中間層を混入させないように注意しながらゆっくり吸って回収し，新しい 50 mL 遠沈管に移す。

10. 遠沈管の壁面を伝わらせながら，2 倍量の 99％エタノールを加えて重層する。

11. 先を閉じたパスツールピペットで界面をゆっくりかき回し，徐々に水層とエタノール層を混ぜていく。核酸が糸状（綿状）に析出してくるので，それをパスツールピペットで巻取って回収する。核酸が析出しなくなるまで，これを繰り返す。

12. ピペットの先についた核酸を 5 mL 程の 70％エタノールに 10 秒程浸す。これを 2 回繰り返す（あらかじめ 70％エタノールを 2 本用意しておく）。その後ピペットを逆さにして小試験管に立てて 15 分程風乾する。

13. 核酸を巻き取ったピペットの先端を 4 mL の TE を入れた 15 mL 遠沈管に入れて立て，パラフィルムで密封して冷蔵庫に一晩以上置いて，核酸を溶解させる。遠沈管のふたはまとめてラップして保存する。

14. 蒸留水 2.9 mL に核酸溶液 100 μL を加え（30 倍希釈），220 〜 320 nm での紫外吸収スペクトルを記録する。A_{260} 値から核酸濃度を求め，A_{260}/A_{280} の比からタンパク質の混在の程度を知る。

＜ RNA の分解＞

1. 残りの核酸溶液（3.9 mL）に 50 μL（＝ 25 μg）の RNA 分解酵素を加えて穏やかに混ぜた後，

37℃で1時間インキュベートする。

2. ゴム手袋をして，PCI を等量（4 mL）加えて，ふたをきっちり閉めて，穏やかに上下反転して5分間混合する。
3. 遠心分離（3,000 rpm，10分間）する。
4. 2層に分離した上層（水層）を1 mL 駒込ピペットでゆっくり吸って回収し，新しい遠沈管（15 mL）に移す。
5. 回収した水層に上記の PCI 処理（混合，遠心分離，上層回収）を再度繰り返す。
6. 回収した水層に 1/10 容量の 3 M 酢酸ナトリウムを加えて穏やかに撹拌した後，2倍量の99％エタノールを重層する。
7. 先を閉じたパスツールピペットで界面をゆっくりかき回し，徐々に水層とエタノール層を混ぜていく。DNA が糸状（綿状）に析出してくるので，それをパスツールピペットで巻取って回収する。70％エタノールで2回すすいだ後，小試験管に逆さに立てて15分程風乾する。
8. DNA が巻ついたピペットの先端を 4 mL の TE を入れた 15 mL 遠沈管中に立て，パラフィルムで密封して冷蔵庫に一晩以上置いて DNA を溶かす。DNA の定量だけが目的のときは，濁っている DNA 溶液を超音波と試験管ミキサーを使って撹拌し，DNA をできるだけ溶かす。
9. 蒸留水 2.7 mL に DNA 溶液 300 µL を加え（10倍希釈），220 ～ 320 nm での紫外吸収スペクトルを記録し，前回の値と比較する。

|備　考|

DNA および RNA の溶液は 260 nm で吸光度の極大を示し，1 mg/mL の時 $A_{260} = 20$ である。一方，タンパク質は 280 nm に吸光度の極大を示すので，タンパク質の混在が多いと A_{260}/A_{280} の値が小さくなる。核酸の純度が高ければ，この値は 1.8 ～ 2.0 になる。しかし核酸の純度が高くてもよく溶けなくて溶液が濁っているとこの値は小さくなる。

|課　題|

肝臓 1 g あたりから分離し，回収された DNA 量（mg）と，抽出された後に RNase 処理により分解された RNA 量（mg）を計算しなさい。その結果を文献上の値（例えば「生化学データブック I」東京化学同人（1979）と比較せよ。

|参考| 簡便法による DNA の抽出

それほど高い精製度を必要としなければ，以下のような方法で1回の実験時間内で DNA の抽出，UV スペクトルの記録ができる。

|試　料|

豚肝臓（市販品，豚以外の肝臓でも良い）
ホモジナイズ液：0.15 M NaCl - 0.01 M クエン酸ナトリウム -1％ SDS （pH 7.0）
2 M NaCl，冷エタノール

7-1 ラット肝臓からの核酸の抽出精製および定量

> 試薬・器具

　ブレンダー，ガーゼ，ガラス棒，コニカルチューブ(50 mL) 1本，ビーカー(100 mL, 300 mL × 2)，10 mL メスピペット，パスツールピペット。

> 操作手順

1. 細切したレバー 100 g と 200 mL のホモジナイズ液をブレンダーに入れ，30 秒〜1 分間ホモジナイズする。ホモジナイズ後，各班あたりおおよそ 50 mL を 100 mL(または 200 mL)ビーカーに取る。

2. 50 mL の 2 M NaCl を加えてガラス棒で撹拌し，ホットプレートを使って加熱し，100℃で約 5 分間保持する。加熱によりタンパク質が凝固する。加熱までの過程では，DNase の働きによって DNA が壊れていくので手早く行う。

3. 300 mL ビーカーの口に 2〜4 枚重ねのガーゼを中央部を窪ませて置いて輪ゴムで留め，ここに加熱した抽出液を注いでろ過する(ビーカー用トングあるいは軍手などを使う)。

4. ろ液を氷水に浸けて冷却した後，200 mL の冷エタノールをビーカーの壁面を伝わらせながら入れる(低温の方が DNA の溶解度が下がる)。
　　DNA はエタノールには溶けないので，エタノールを入れると境界面で雲状に DNA が不溶化する。パスツールピペットを液に入れてゆっくりと撹拌すると，DNA が巻き付いてくる。(ただし，この段階では，まだ多くの不純物が含まれている。)

5. 巻き取った DNA をコニカルチューブに移し，さらに DNA にガラス棒を押し付けるようにして，エタノールをなるべく取り除く。エタノールが残っていると，次の段階での 2 M NaCl に溶けにくい。

6. DNA を入れたコニカルチューブに 2 M NaCl を 10 mL 加えて，100℃で湯煎しながら時々かき混ぜて溶解させる。

7. 大部分が溶解したなら，遠心分離(2,000 rpm，5 分)して不溶物を除く。上清部が DNA である。

8. 得られた DNA 溶液を水で適当に希釈し(回収率によって，10〜100 倍程度)，紫外部吸収を 240〜300nm の波長で 10nm 毎に測定しグラフに描く(吸収スペクトル)。DNA は 260 nm 付近に吸収の極大を示す。

7-2 口腔粘膜からの DNA 抽出とアガロースゲル電気泳動

本実験では，比較的非侵襲的に採取が可能な口腔粘膜細胞を用いて，DNA の抽出を行い，それを電気泳動法により視覚的に調べる。

[原 理]

採取した細胞を，界面活性剤，還元剤（ただし，本実験では使用しない），プロテアーゼ（Proteinase K）で溶解させ，DNA，RNA およびタンパク質を含む粗抽出液を得る。この粗抽出液から DNA を精製していく。

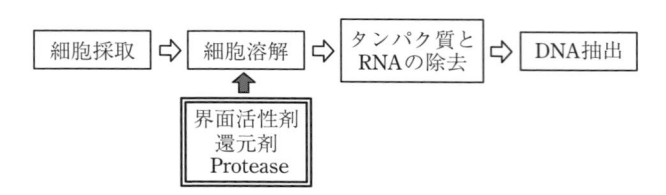

細胞採取 ⇒ 細胞溶解 ⇒ タンパク質と RNA の除去 ⇒ DNA 抽出
　　　　　　　↑
　　　　　界面活性剤
　　　　　還元剤
　　　　　Protease

[試 薬]

アガロース，Proteinase K 水溶液（20 mg/mL），TE 平衡化フェノール（備考を参照），1M HCl，エタノール，70％エタノール，3M 酢酸緩衝液（pH 6.0，滅菌）

PCI（中性フェノール：クロロホルム：イソアミルアルコール =25:24:1，実験 7-1 を参照）

Lysis buffer：50 mM Tris-HCl（pH 8.0），10 mM EDTA・2Na，2％ SDS（通常，Tris と SDS が混在した溶液はオートクレーブ滅菌しない）

50 × TAE（2M Tris, 2M 酢酸, 50 mM EDTA, pH 8.0）：滅菌不要，室温保存。

1 × TAE：50 × TAE を 50 倍希釈する。

エチジウムブロマイド（EtBr）染色液：1 × TAE 100 mL あたり 10 μL のエチジウムブロマイド溶液（10 mg/mL）を添加する。

[器具・装置]

オートクレーブ，マイクロチューブ，マイクロピペット，滅菌ピペットチップ，冷却微量高速遠心分離機（マイクロチューブ用ローター），電子レンジ，電気泳動装置（Mupid-2plus など），トランスイルミネーター，ゲル撮影装置

[操 作]

A. 口腔粘膜細胞の採取

1. 滅菌生理食塩水で口の中を十分すすぐ。
2. オムニスワブもしくは綿棒で口の中の両頬を 10 秒ずつ擦る。
3. 滅菌生理食塩水（PBS）を 0.5 mL 入れた 1.5 mL マイクロチューブ内にオムニスワブ（もしくは綿棒）を入れ，懸濁する。
4. 遠心分離（10,000 rpm，5 分間）し，マイクロピペットで上清を吸い取って捨て，沈殿（口腔粘膜細胞）を得る。

B. DNA の抽出

1. 口腔粘膜細胞が入っている 1.5 mL マイクロチューブに Lysis buffer を 700 μL 加えて混合し，10 分間室温で放置する．
2. Proteinase K 溶液 35 μL を加えて混合し，58℃で 2 時間反応させる．
3. 遠心分離(12,000 rpm，15 分間)する．
4. 等量の TE 平衡化フェノール(pH 8.0)を加え，10 秒間混合する．
5. 遠心分離(12,000 rpm，5 分間)し，上層(水層)を新しいマイクロチューブに移す．
6. PCI を 1 mL 加え，vortex で 10 秒間混合する(通常は DNA の切断を防ぐために激しく混合しないが，本実験では時間短縮のため行う)．
7. 遠心分離(12,000 rpm，5 分間)し，上層(水層)を新しいマイクロチューブに移す．
8. 再度，遠心分離後の下層に PCI を 1 mL 加え，vortex で 10 秒間混合する．
9. 遠心分離(12,000 rpm，5 分間)し，上層(水層)を先ほどの上層とあわせる．
10. 2 倍量の 100％エタノールと 0.1 倍量の 3 M 酢酸緩衝液を加え，転倒し混合する．
11. －20℃で一晩静置し，遠心分離(12,000 rpm，20 分間，4℃)する．
12. 上清を捨て，70％エタノール 1 mL を加え，転倒混合させる．
13. 遠心分離(12,000 rpm，5 分間，4℃)し，上清を捨て，沈殿を風乾させる．
14. 25～50 mL の水を加え，溶解させる．
15. 新しい滅菌マイクロチューブに滅菌水 990 μL，抽出 DNA サンプル 10 μL を入れ，260 および 280 nm で吸光度を測定する．

C. アガロースゲル電気泳動

＜アガロースゲルの準備＞

1. 1％アガロースゲルを調製する．電気泳動用アガロース 1 g を三角フラスコに入れ，1×TE 100 mL を加え分散させ，軽くラップをして電子レンジで加熱する．電子レンジのワット数を高くすると，一気に吹きこぼれることがある．沸騰前に一度取り出して，ゆっくりと三角フラスコを振る．この時，突沸することがあり，大変危険なので，トングを使うか耐熱手袋を着用する(軍手は不可)．溶解が不完全な場合はさらに加熱する．電子レンジがないときは，90℃程度で加温溶解させるか，オートクレーブ(100℃，10 分)で代用できる．液が極端に減少しているときは元の液面まで蒸留水を加える．
2. 室温で放置し，60℃程度(手で触れられる程度)まで冷やす．
3. ゲル作製装置にセットする．あらかじめ，コームをセットした時にコームの先端とゲル作製装置の底に 1 mm 程度の隙間があることを確認しておく．
4. アガロース溶解液を適量流し込み，コームをセットする．
5. アガロースがゲル化したなら，コームを慎重に引き抜き，泳動装置にセットする．
6. 1×TAE をゲルの上面がわずかに浸るくらいまで入れる．

第7章 核酸に関する実験

<泳　動>
1. PCRチューブに滅菌水2 μL，6×ローディングバッファー2 μL，抽出DNAサンプル2 μLを入れる。DNAサンプルの濃度により適宜サンプル使用量を調節する。
2. 全量をマイクロピペットで採取し，電気泳動装置にセットしたアガロースゲルのウェルにサンプルを静かに注入していく。
3. いずれかのウェルに適当な濃度に滅菌水，6×ローディングバッファーで希釈したDNA分子量マーカー（λ-HindIII digestなど）を分注する。
4. 100Vで25分程度泳動する。BPBのバンドが半分〜6割程度進んだところで止める。
5. EtBr染色液に15分間浸漬し，DNAを染色する。なお，エチジウムブロマイドは変異原性があるので，使い捨て手袋を着用すること。
6. ゲルを取り出し，EtBr染色液を水で軽く洗い流し，UV透過光によりDNAバンドを検出し，撮影する。この時，UV光を直接目視しないこと。目視で確認する場合は，UV光をカットするメガネやシールドを着用して行うこと。なお，トランスイルミネーターの上にラップを敷くとEtBrの汚染処理を行いやすい。

D. 実験後の抽出DNAの分解
　抽出DNAに10倍量の1M HClを加え，15分間室温で放置する。分解は，アガロースゲル電気泳動により確認できる。

結果・計算

　抽出DNAの濃度と純度を以下のように求める。
　　DNA濃度（mg/mL）＝ $A_{260} \times 50 \times 100$
　　DNAの純度 ＝ A_{260}/A_{280}
　　　水で希釈したDNAでは，純度が高い場合1.75〜1.8程度の値となる。

備　考

1. 本実験はヒトゲノムDNAを用いたものであり，個人情報を扱うものである。したがって，本実験の内容説明を十分に行い，実験の目的，対象とする遺伝子，使用したゲノムDNAの廃棄方法，本教育以外の目的に結果が使用されることが一切ないことなどをしっかり説明する必要がある。これに基づいて，同意書もしくは確認書に署名をもらうことが望ましい。また，同意できない場合，すみやかにそれに応じることが必要である。
2. TE平衡化フェノールの調製
　フェノール（結晶）約20 gを50 mLポリプロピレンチューブに直接取り分ける。8-ヒドロキシキノリン（8-HQ）0.15 gを50 mLポリプロピレンチューブのふたの内側にはかりとる。0.5M Tris-HCl（pH 8.0）をチューブの半分程度まで加える。8-HQをこぼさないようにふたをして，65℃の恒温槽で加熱溶解する。溶解後，ふたがきっちり閉まっていることを確認し，ふたの上をキムタオルで覆って，5〜10分間激しく振る（重要）。遠心分離（2000 rpm，5分間）し，上層（水層）を取り除く。再度，先ほどと同じくらい0.5M

Tris-HCl（pH 8.0，フェノール平衡化用）を加え，15分間激しく振り，遠心分離する。上層を除き，0.1M Tris-HCl（pH 8.0，フェノール平衡化用）を加え，激しく振る。遠心分離して上層を除き，フェノール層（下層）の pH を pH 試験紙で確認する。pH 7.8 以上になるまでこの作業を行う。pH 7.8 以上になったら，0.1 M Tris-HCl（pH 8.0）2 mL 程度を加え，2-メルカプトエタノール 80 μL，0.5 M EDTA（pH 8.0，滅菌）80 μL を加える。チューブをアルミホイルで覆い，−20℃で保存する。なお，調製時は，保護めがねおよび保護手袋を着用のこと。

3. 本実験では 1％アガロースゲルを使用するが，抽出 DNA の場合，かなり高分子であるため 0.3〜0.7％アガロースゲルの方が観察しやすい。

【課題】

1. この DNA 抽出法で RNA およびタンパク質の混入がどの段階で除去されるかをそれぞれの生化学的特性より考える。

2. EtBr 溶液により DNA が染色される理由を調べる。

3. DNA の純度を測定したとき，260 nm と 280 nm の吸光度を測定した理由を考える。

4. 抽出した DNA を用いて，ポリメラーゼ連鎖反応（polymerase chain reaction, PCR）により，ある特定遺伝子領域を増幅させる。

5. 例えば，アルデヒドデヒドロゲナーゼ 2（ALDH2）遺伝子の特定領域を増幅し，変異を確認し，遺伝子型をチェックする。

6. 表現型としてアルコールパッチテストを行い，ALDH2 の遺伝子型と表現型の関係を調べる。

コラム

pH

滴定曲線の項で説明したように，pH は水素イオン（プロトン）濃度の負の対数（あるいは，逆数の対数）と定義されている。pH という表記での H は水素の原子記号であり，p は "power" に由来しており，power とは累乗（〜乗）の意味である。pH を表記する時，p は小文字，H は大文字で書かなければならない。この pH と同様の概念を水素イオン以外のイオンの濃度を示す場合にも使われることがあり，代表的な例として，カルシウムイオンの濃度を表す pCa，あるいはマグネシウムイオン濃度を表す pMg などの表記が生化学の分野では使われることがある。例えば，pCa = 3 であれば，$[Ca^{2+}] = 10^{-3}$ M = 1 mM ということであり，pMg = 6 であれば，$[Mg^{2+}] = 10^{-6}$ M = 1 μM ということになる。

8 ビタミンに関する実験

8-1 ビタミンA前駆物質（葉緑素）の分離と定性
ー薄層クロマトグラフィーを用いたカロチン，クロロフィルの分離定性試験ー

　緑黄植物の葉には何種類もの色素が存在し，それぞれの働きをしている。本実験では，緑黄植物に含まれる葉緑素の分離を試みる。この実験では，いくつかの化学的に似かよった性質を有する成分を抽出し，抽出液からそれらを分離・確認する手法としての薄層クロマトグラフィーについて学ぶ。

方法・原理

　数種類の成分を含む溶液を一定の速度で均一な微粒子の素材に通すと，各成分の物理化学的性質の相違によって移動度が異なってくる。本実験では葉緑素をまず有機溶媒で抽出し，水分を除去する。これを試料としてアルミシートに薄く塗られたシリカゲルの微粒子層で作られたプレート上にスポットし，毛細管現象で上昇する一定比率のベンゼン・アセトン溶媒で展開し，色素を分離する。

試　薬

　石油ベンジン，ベンゼン，メタノール，アセトン，無水硫酸ナトリウム，βカロチン，（クロロフィル a），
　展開溶媒：ベンゼン・アセトン（7：1 と 10：1, v/v）

器　具

　乳鉢，分液ロート，100 mL の広口試薬ビン（展開槽），ガラス毛細管

操　作

1. パセリまたはほうれん草の葉の部分 10 g を乳鉢に取り擦りつぶす。

2. 擦りつぶした液を石油ベンジン 45 mL，ベンゼン 5 mL，メタノール 15 mL の混液とともに三角フラスコに洗い入れ，ふたをして 20 分間浸漬する。有機溶剤を用いた操作はドラフト内または換気のよい場所で行う。

3. 浸出液をヒダろ紙を用いてろ別する。ろ液を分液ロートに移し，約 10 mL の水を加え，軽く 5，6 回振り混ぜ，静置する。分液ロートを用いた操作では蒸気抜きを忘れずに行うこと。二層に分離後，下層の水層を捨ててから約 10 mL の水を加え，同じ操作を 10 回繰り返すことによってメタノールを水洗で除く。

4. 層の有機層を乾いた三角フラスコに移し，無水硫酸ナトリウム数 g を加え水分を除去する。有機層が透明になり，無水硫酸ナトリウムがサラサラの状態になるまで，同じ操作を 2，3 回繰り返し，試料溶液とする。

5. 図のようにあらかじめ用意しておいた何枚かの縦 7 cm，横 3 cm の薄層クロマトプレート（シリカゲル，アルミシート）の下部 1 cm の原線（点）に試料溶液，および β カロチン

溶液をガラス毛細管を用いてスポットする。スポットは点が広がらないように何回か繰り返し，濃くハッキリしたものとする。

5. これらのプレートを広口試薬ビン（展開槽という）内でベンゼン・アセトンの 7 : 1 および 10 : 1 の混液を用いて静かに展開する。混液がプレートの上端から 5 ～ 10 mm 位に上昇したところを終点とし，すばやく取り出し，浸透線(溶媒前端)に印を付ける。

6. 風乾後，浸透線から原線に向かって認められたスポットを順に a, b, c, … とし，それぞれの色，大きさ，原線からの距離および分離の状態などを記録する。また，原線から浸透線までの距離を 1.00 として，それぞれのスポットについて基準線からの相対距離 (Rf) を求める。

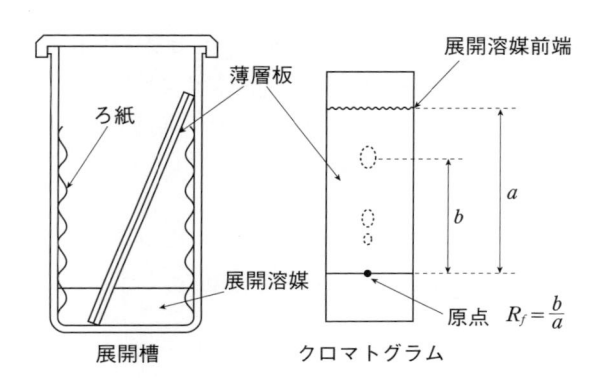

$$R_f = \frac{b}{a}$$

備 考
1. ベンゼンとアセトンの比率を自分なりに工夫して変えてみるのもよい。
2. Rf 値は，溶媒組成，温度，展開方法，薄層の種類などの条件を一定にすると固有の値となる。

課 題
1. a, b, c, … の点に対応する物質を位置，色，濃度，Rf 値などを基に，文献を参考にして同定する。
2. 他のグループで得られた Rf を比較し，異なる場合，原因を考えてみる。
3. 分離が不十分な成分について他の分離方法，処理方法について調べてみる。
4. 液体クロマトグラフィー，ガスクロマトグラフィーなど他のクロマトグラフフィーについての特徴を調べる。
5. ほうれん草，パセリに含まれる主な色素と成分の組成や物理化学的性質の相違，さらに生体における働きなどを調べる。

第8章　ビタミンに関する実験

8-2　ビタミン B_1 の比色定量 ーレバー中の遊離ビタミン B_1 の抽出測定ー

　チアミンとも呼ばれるビタミン B_1 は，糖代謝に関与する酵素の補酵素として，あるいは神経系における生理活性を持つ成分として，古くから知られている微量栄養素であり，肝臓中に比較的多く含まれる。本実験では，ビタミン B_1 の測定を通じ，微量生体成分の分離，発色，有機溶媒抽出および定量等の手法を学ぶ。

[原　理]

　ビタミン B_1 は酸性溶液中で安定で，熱に強く，酸性白土に吸着される。また，ビタミン B_1 はアルカリ性でパラアミノアセトフェノンのジアゾニウム塩と反応して，赤紫色の色素(一種の染料)となる。赤紫色の物質は水に難溶で，有機溶剤に可溶である。このようなビタミン B_1 の性質を利用して，レバーから抽出したビタミン B_1 を吸着分離し，発色させ，赤紫色色素をキシレンに抽出(転溶)し，比色定量する。

チアミン（塩酸塩） ＋ [ジアゾ化パラアミノアセトフェノン] → 赤紫色物質

[試　薬]

　0.5 M H_2SO_4, 0.01 M HCl, 酸性白土，ビタミン B_1 標準液(1 mg/100 mL)，パラアミノアセトフェノン溶液(パラアミノアセトフェノン 0.6 g を濃塩酸 9 mL に溶かし水で 100 mL とする)，亜硝酸ナトリウム溶液(2.3 g/10 mL)，アルカリ溶液(NaOH 5.7g, $NaHCO_3$ 8 g を水に溶かし全量を 100 mL とする)，65%エタノール溶液，フェノール・エタノール溶液(フェノール 0.5 g (要取扱注意) を 95%エタノール 100 mL に溶かす。)，キシレン。

[器具・装置]

　50 mL 共栓遠沈管，遠心分離機，分光光度計

[操　作]

1. 20 g 前後の新鮮なレバーを正確にはかり取り，ハサミで細かく切り刻む。

2. 細片したレバーに4倍量の 0.5 M H_2SO_4 を加え，軽く煮沸する。全量を 0.5M H_2SO_4 で 100 mL とした後，上澄み液をろ過し，ろ液を試料溶液とする。

3. ビタミン B_1 標準液 0, 1.0, 2.0, 4.0 mL に 0.5M H_2SO_4 を加え全量を 20 mL とする。これらを検量線用標準溶液とする。

4. 試料溶液 20.0 mL および 20 mL とした各標準溶液を共栓の遠沈管に取り，酸性白土 0.2 g を加え，栓をして1分間激しく振り，ビタミン B_1 を白土に吸着させる。

5. これらの遠沈管を栓をはずして，遠心分離機にかける(3,000 rpm，5 分)。遠心分離後，遠沈管を傾けて上澄み液を捨て，沈殿白土に約 20 mL の 0.01 M HCl 溶液を加え，軽く振った後再び遠心分離し，上澄み液を捨てる(白土の洗浄)。

6. 洗浄白土に水 4 mL とフェノール・エタノール溶液 4 mL を加え，よく振って混和する。
7. 20 mL の試験管に，パラアミノアセトフェノン溶液 0.2 mL，亜硝酸ナトリウム溶液 0.2 mL，水 10 mL，アルカリ溶液 6 mL を順に加え，混和する。この混合液を直ちに 6 の白土けん濁液に注加し，1 分間強振する。時間と共に白土は赤紫色に着色するがそのまま 30 分以上放置する。
8. 放置後，再び遠心分離し，上澄みを捨てて着色白土をえる。着色白土に 65％のエタノール溶液 6 mL，キシレン 5.0 mL を加え，1 分間強振した後，けん濁液を試験管に移し，軽く遠心分離する(1,000 rpm，2 分)。
9. キシレン層をパスツールピペットで取り，乾燥した小さなヒダろ紙でろ過(脱水)し，2～3 mL の測定用試料を得る。
10. 試料溶液および各標準液の 520 nm の波長での吸光度を測定し，検量線を作成するとともに試料(レバー)中のビタミン B_1 の濃度を求める。検量線は最小自乗法で方程式を算出し，試料中のビタミン B_1 濃度は計算で求める。

課題

1. ビタミン B_1 の白土による吸着の原理について調べる。
2. ビタミン B_1 とジアゾ化したパラアミノアセトフェノンの反応を含め，一連の反応をまとめる。
3. キシレン抽出のときいったん 65％エタノール溶液に混和した理由を考える。
4. 正確な含有量の算出と操作の関係を考えてみる。
5. 食品成分表等でビタミン B_1 の含有量を調べ，実験結果と比較検討する。
6. チオクローム法などより感度の高いビタミン B_1 の測定法について調べる。
7. ビタミン B_1 の生体における働きを調べる。

9 免疫に関する実験

9-1 オクタロニー法による抗原抗体反応の検出

　免疫は異物に対する生体の防御機構として極めて重要な役割を果たしている。免疫機構には(体)液性免疫と細胞性免疫とがあるが，液性免疫では抗体(免疫グロブリン)が関わっており，抗体と抗原の結合は特異的である。

　抗原は，一般に複数のエピトープ(抗原決定基)をもつので，一種類の抗原に対して複数種の抗体が産生される(ポリクローナル抗体)。そのため，抗原が抗体と出会うと，下図に示すように1つの抗原に複数の抗体が結合することによって，大きな抗原抗体複合体が形成され，これは不溶性となる。これを沈降反応という。このような抗原抗体の沈降反応を調べるために，オクタロニー二重免疫拡散法(Ouchterlony double immunodiffusion)と呼ばれる手法が簡便な方法として広く用いられている。二重拡散とは，抗原と抗体(あるいは抗血清)の両方からゲル内に拡散させるという意味である。

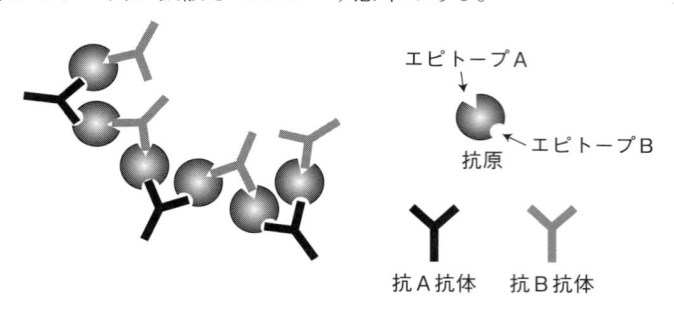

原　理

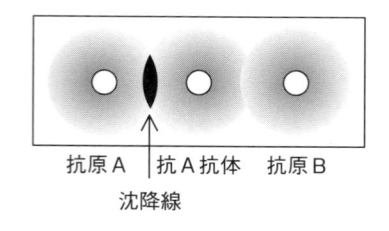

　寒天ゲルに抗原・抗体用の小穴を開け，各々に抗原と抗体を入れる。それらは寒天ゲル中に拡散していき，両者が特異的反応を示す場合には出会った所に沈降線（抗原抗体複合体）が形成される。右図に示すように，抗A抗体は抗原Aに特異的な抗体であるので抗原Aと抗A抗体との間には沈降線が形成され，一方，抗A抗体は抗原Bに対する特異的抗体ではないので，両者の間には沈降線は形成されない。

試料・試薬

- 1.2% 寒天溶液：1.2 g の寒天に 98.8 mL の 0.1 M NaCl - 50 mM リン酸緩衝液(pH 7.4)を加えて沸騰水中で溶解させ，溶解したならゲル化しないよう加温しておく。
- 牛血清アルブミン(BSA)：0.5 mg/mL，0.1 M NaCl - 50 mM リン酸緩衝液(pH 7.4)に溶解させる。
- 卵白アルブミン：BSAと同様に調製する。

抗ウシ血清アルブミン抗血清（抗 BSA 抗体）：市販原液を BSA の調製で用いた溶液で 4 倍希釈する。

<u>器　具</u>

シャーレ（直径 6 cm），駒込ピペット，アスピレーター，パスツールピペット，試料穴作製用パンチャー，マイクロピペット（10 μL）

<u>操　作</u>

1. 加熱寒天溶液 5 mL を駒込ピペットを使って直径 6 cm のシャーレに素早く入れ，寒天が固まるまで静置する。

2. 寒天が固まったならば，ゲルパンチャーを押し当てて，試料用穴の型抜きをする。試料用穴部分の寒天をアスピレーターに接続したパスツールピペットを用いて除去する。この時，試料穴を壊さないように注意する。

3. 下図に示すように，マイクロピペットを用いて，中心の穴に抗体，周囲の 6 個の穴には牛血清アルブミンと卵白アルブミンを寒天表面と同程度の高さになるまで注意深く入れる（各々約 10 μL）。

　　　　①
　⑥　　　②
　　　⑦
　⑤　　　③
　　　　④

①，②，④：BSA（牛血清アルブミン）
③，⑤，⑥：卵白アルブミン
⑦：抗体（抗 BSA 抗体）

4. シャーレのふたをして放置する。抗原と抗体が寒天中に拡散して 1〜2 時間ほどで出会い，抗原抗体反応があれば白い沈降線が形成される。

5. 沈降線を観察し，抗原抗体反応の有無を確認する。この時，蛍光灯の光を寒天ゲルの下方から照射し，黒の背景で寒天ゲルを観察すると沈降線を観察しやすい。また，肉眼で沈降線が確認しずらいようであれば，ルーペを使って観察すると良い。

　沈降線が確認されるのは，BSA と抗 BSA 抗体との間であり，卵白アルブミンと抗 BSA 抗体では沈降線が観察されない。沈降線が形成される穴の間での位置は，抗原分子の大きさによって違いを生じ，抗原分子が抗体分子（IgG の場合，分子量は約 15 万）よりも小さければ，拡散速度が速いので，抗体の穴に近い側に沈降線が形成される。

<u>備　考</u>

シャーレの代わりにスライドガラスやゲルフィックスシートなどを用いて寒天ゲルを作成することもできる。これらのゲルは，沈降線を染色して観察する場合に便利である。

　ゲルの染色は次のように行う。沈降線の形成後，適当な容器にゲルを入れ，50 mM 緩衝液（pH 7.4）を含む 0.1〜0.5 M KCl あるいは NaCl 溶液を加え，振盪機で時々液を交換しながら 1 日程度振盪することによって未反応のタンパク質を洗い出し，次いで蒸留水に置き換えて過剰の塩を洗い出す。次いで，0.2％ Coomassie briliant blue（50％メタノール・10％酢酸に溶解させる）で室温で 1 時間程度染色し，その後，10％メタノール・10％酢酸で脱色する。染色によって沈降線の確認がより容易になる。

第9章　免疫に関する実験

9-2　血液型の判定

　ABO式血液型は1900年にLandsteinerによって発見された最初の血液型で，A型，B型，AB型，およびO型の4つの型に分けられる。これらの血液型は，A抗原，B抗原と呼ばれる血液型物質により分類されるが，血液型物質は赤血球膜を構成するスフィンゴ糖脂質の成分で，A抗原は糖鎖の非還元末端がN-アセチルガラクトサミンであるのに対し，B抗原はガラクトースである。A型赤血球の人はA抗原を赤血球表面に持つとともに，抗B抗体を血清中に持つ。B型赤血球の人はB抗原と抗A抗体を持つ。AB型の人はA抗原，B抗原の両方を持ち，抗A抗体，抗B抗体のどちらも持たない。O型の人は赤血球表面にどちらの抗原もなく，血清中に抗A抗体，抗B抗体の両方をもつ。

原　理

　赤血球のA抗原，B抗原の存在を血液型判定用抗A，抗B抗体で判定する。被検血液の赤血球にA，B抗原が存在するかを抗A抗体，抗B抗体を用いて検査することをオモテ検査といい，被検血清に抗A，抗B抗体が存在するかを血液型のわかっている赤血球で検査することをウラ検査という。

試料・試薬

　試料：各自の血液
　抗Aおよび抗B血液型判定用抗体（オーソバイオクローン抗AおよびB抗体）

器　具

　血液採取用ペン型器具および採血針（小型血糖測定機などに付属の採血補助器具），スライドガラス，アルコール綿，つまようじ

操　作

1. ペン型採血器具を用いてアルコール綿で消毒した手指を穿刺する。
2. スライドガラスの2か所に血液を付着させ，ただちに判定用抗A抗体および抗B抗体を滴下し，つまようじで混合する。
3. 2分以内に凝集反応の有無を確認し，血液型を判定する。

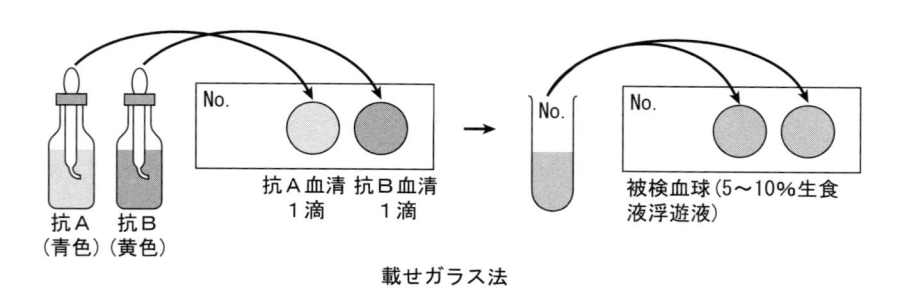

載せガラス法

結　果

凝集反応

血液型	血球凝集の状況	
	抗A血清側	抗B血清側
A	凝集あり	凝集なし
O	凝集なし	凝集なし
B	凝集なし	凝集あり
AB	凝集あり	凝集あり

備　考

1. 指穿刺により得た血液は凝固する恐れがあるので直ちに試薬と混和する。
2. 検体の表面に生じる乾燥やフィブリン形成を凝集と見誤らないこと。

10 血液・尿に関する実験

10-1 血清アルブミン・グロブリン比の測定

　免疫グロブリン以外の血漿タンパク質は大部分が肝臓で合成され，血中に分泌される。これらのタンパク質はリンパ管などを介して活発に血管内外の交流が行われ，血中のみならず，組織液，体腔液などにも広く分布している。血漿タンパク質の濃度および組成の異常は，1）低栄養など素材の供給異常，2）肝臓および網内系におけるタンパク質合成の亢進または低下，3）甲状腺機能亢進，発熱など体内異化の亢進，4）創傷，出血，体腔・尿路・腸管への異常漏出などにより起こる。

　アルブミンは血清タンパク質の約60％を占め，半減期は14〜21日で血漿膠質浸透圧の維持に大きく寄与している。低栄養，肝硬変，ネフローゼ症候群，などで血清アルブミン濃度が 2.5 g/dL 以下になると浮腫を生じる。血清アルブミン量は種々の原因で容易に減少するのに対し，グロブリンは減少することはまれでむしろ増加することが多いから，各種疾患時に A/G 比はしばしば低下する。A/G 比は総タンパク質量からアルブミン量を引いて比率を出す方法と，電気泳動でのバンドのデンシトメトリーから求める方法とがある。本実験では前者の方法を試みる。

原 理

　ビウレット法（実験4-4参照）で総タンパク質を，BCG（ブロムクレゾールグリーン）法で血清アルブミンを定量し，その差をグロブリンとして，アルブミン・グロブリン比を求める。BCG 法は，ブロムクレゾールグリーンがアルブミンと結合すると色調が黄色から青に変わる性質を利用した定量法である。

試料・試薬

　試料：ヒト血清
　ビウレット試薬，アルブミン発色試液（和光純薬），標準血清（BSA 標準液）

器具・装置

　試験管，恒温水槽，分光光度計

操 作

＜総タンパク質の定量＞

1. 試験管を3本の用意し，各々にマイクロピペットを用いて，血清，BSA 標準液，水（ブランク試料）を 50 μL 入れる。
2. 各試験管に，安全ピペッターを用いてビウレット試薬を 3.0 mL 加え，よく混合して室温で30分反応させる。
3. 540 nm での吸光度を測定し，正味の試料の吸収（E_s）と BSA の吸収（E_{std}）を求める。

＜アルブミンの定量＞
1. 試験管を3本の用意し，各々にマイクロピペットを用いて，血清，BSA 標準液，水（ブランク試料）を 10 μL 入れる。
2. 各試験管に，安全ピペッターを用いてアルブミン発色試薬を 3.0 mL 加え，よく混合して室温で 10 分反応させる。
3. 630 nm で吸光度を測定し，正味の試料の吸収（Es）と BSA の吸収（Estd）を求める。

結　果

＜吸光度から濃度の求め方＞

　　　総タンパク質濃度（g/dL）＝（Es/Estd）×標準血清の総タンパク質濃度

　　　アルブミン濃度（g/dL）＝（Es/Estd）×標準血清のアルブミン濃度

　　　A/G 比＝アルブミン濃度／（総タンパク質濃度－アルブミン濃度）

　基準範囲

　　　総タンパク質：6.5〜8.0 g/dL，アルブミン：3.7〜5.2 g/dL，A/G 比：1.2〜1.8

備　考

総タンパク発色試液は銅イオンを含むため，専用の廃液入れに回収する。

課　題

アルブミンをはじめ，おもな血漿タンパク質の種類と機能について調べてまとめる。

第10章 血液・尿に関する実験

10-2 ヘマトクリット値の測定

　ヘマトクリット（hematocrit；Ht）は赤血球と全血との容積比のことで，貧血の程度に応じて減少する。このため，貧血の尺度として赤血球数やヘモグロビン濃度の測定とともに重要で，これらのうちヘマトクリットは測定法が簡便で正確度が高い。

原　理

　凝固阻止処理をした毛細管に血液を少量（0.03 mL 程度）採取し，遠心分離後，赤血球容積と全血容積との比を測定する。

器具・装置

　ヘマトクリット用遠心分離機，血液採取用ペン型器具および採血針（小型血糖測定機などに付属の採血補助器具），消毒用アルコール綿，ヘマトクリット用毛細管（ヘパリン処理，内径 1.8 mm，長さ 75 mm），パテ

操　作

1. 採血器具を用いて，アルコール綿で清拭の後，乾燥した手指を穿刺し，血玉に毛細管をあて，自然に毛細管現象で血液を管の 2/3 まで採取する。このとき穿刺部分がアルコールや汗でぬれていると血液が流れてしまい，毛細管に採取できない。
2. 毛細管の血液採取側と反対の側をパテで平らに封じる。
3. 封じた管端が遠心機の外側端に接するように毛細管を回転盤の溝にセットする。
4. 確実に蓋をして 11,000 rpm で 5 分間遠心分離する。
5. 毛細管の赤血球層高さと全層高さ（血球層＋血漿層）を付属の目盛板で読み取る。または，それぞれの高さを定規で測る。

計　算

　ヘマトクリット値（％）＝（赤血球層高／全層高）× 100
　基準範囲：男性 36 ～ 48％，女性 34 ～ 43％

10-3　血中リン脂質の定量

　リン脂質は生体内で細胞膜の構成成分，脂肪の乳化・吸収，血液凝固などに関与している。血清リン脂質の主なものはホスファチジルコリン（レシチン）で，他にスフィンゴミエリン，セファリン，リゾレシチンなどがある。血清リン脂質の大部分は肝臓で合成され，リポタンパク質の構成要素として，脂質の安定化のほか，細胞膜のコレステロールをエステル化する作用を持つレシチン・コレステロールアシルトランスフェラーゼ（LCAT）の基質として脂質代謝に重要な役割を果たしている。

原　理

　ホスホリパーゼDはレシチン，リゾレシチン，スフィンゴミエリンなどのコリン含有リン脂質を加水分解する酵素で，試料中のリン脂質にホスホリパーゼDを作用させると，リン脂質が加水分解されコリンが遊離する。これにコリンオキシダーゼを作用させると過酸化水素を生じ，ペルオキシダーゼの作用によりDAOSと4-アミノアンチピリンを定量的に酸化縮合させ青色の色素を生成する。この青色の吸光度を測定することにより試料中のリン脂質濃度を求める。

$$\text{リン脂質}\begin{cases}\text{レシチン}\\\text{スフィンゴミエリン}\\\text{リゾレシチン}\end{cases} + H_2O$$

$$\xrightarrow{\text{ホスホリパーゼD}} [HOCH_2CH_2N(CH_3)_3]^+OH^- + \begin{cases}\text{ホスファチジン酸}\\N\text{-アシルスフィンゴシルホスフェート}\\\text{リゾホスファチジン酸}\end{cases}$$

（コリン）

$$[HOCH_2CH_2N(CH_3)_3]^+OH^- + 2O_2 \xrightarrow{\text{コリンオキシターゼ}} {}^-OOC-CH_2\overset{+}{N}O(CH_3)_3 + 2H_2O_2$$

ベタイン

$$2H_2O_2 + \text{4-アミノアンチピリン} + \text{DAOS}$$

$$\xrightarrow{POD} [\text{青色色素}]\ OH^- + 3H_2O$$

第10章 血液・尿に関する実験

[試料・試薬]

試料：ヒトまたはブタの血清

リン脂質測定用キット（和光純薬），塩化コリン標準液（54 mg/dL 水溶液）。

[器具・装置]

マイクロピペット，試験管，分光光度計，恒温水槽

[操 作]

1. 下表に従って検量線作成用の塩化コリン溶液を調製する。

試験管 No.	1	2	3	4
リン脂質としての濃度（mg/dL）	0	100	200	300
塩化コリン標準溶液（mL）	0	1.0	2.0	3.0
水（mL）	3.0	2.0	1.0	0

2. 5本の試験管を用意し，上記の1～4の溶液からマイクロピペットを使って20 μL を入れる。これらは検量線作成用試料となる。残り1本の試験管には血清（試料）を20 μL 入れる。

3. これら5本の試験管に3.0 mL の発色試薬を加えて良く撹拌する。

4. 37℃の恒温槽中に5分間保持する。

5. 各試験管溶液の吸光度を600 nm で測定する。

[結果・計算]

検量線作成用試料の吸光度から検量線の一次回帰式 ($y = a + bx$) を算出し，試料の吸光度を y に代入して x（濃度）を求める。

血清リン脂質をすべてホスファチジルコリン（レシチン）と仮定し，ホスファチジルコリンの平均分子量775，塩化コリンの分子量139を用いて換算すると，検量線作成に用いた54 mg/dL の塩化コリン溶液はリン脂質濃度300 mg/dL に相当する。

リン脂質濃度（レシチン換算値）(mg/dL) ＝ コリン濃度 × 775 ／ 139

[備 考]

ヒト血清の基準範囲は，150～230 mg/dL（レシチン換算値）である。

[課 題]

血清リン脂質の生理的役割について調べよ。

10-4 血清酵素（アミノ基転移酵素）の活性測定

　生体組織内には数多くの酵素が存在するが，これらの酵素は病気などによって細胞が破壊されると血液中に漏れ出てくる。例えば，肝臓や心臓組織の細胞に存在するAST（アスパラギン酸アミノ基転移酵素，GOT）や肝臓細胞に多いALT（アラニンアミノ基転移酵素，GPT）は，これらの組織に異変が生ずると細胞の一部が破壊され，酵素が血液中に漏出して，血液中での活性が上昇することになる。このように血液中の酵素の活性変化は疾患の診断に利用されている。

$$\begin{array}{c}COOH\\|\\CH_2\\|\\CHNH_2\\|\\COOH\end{array} + \begin{array}{c}COOH\\|\\CH_2\\|\\CH_2\\|\\C=O\\|\\COOH\end{array} \xrightleftharpoons{AST} \begin{array}{c}COOH\\|\\CH_2\\|\\CH_2\\|\\CHNH_2\\|\\COOH\end{array} + \begin{array}{c}COOH\\|\\CH_2\\|\\C=O\\|\\COOH\end{array}$$

アスパラギン酸　　α-ケトグルタル酸　　　　グルタミン酸　　オキサロ酢酸

$$\begin{array}{c}CH_3\\|\\CHNH_2\\|\\COOH\end{array} + \begin{array}{c}COOH\\|\\CH_2\\|\\CH_2\\|\\C=O\\|\\COOH\end{array} \xrightleftharpoons{ALT} \begin{array}{c}COOH\\|\\CH_2\\|\\CH_2\\|\\CHNH_2\\|\\COOH\end{array} + \begin{array}{c}CH_3\\|\\C=O\\|\\COOH\end{array}$$

アラニン　　　α-ケトグルタル酸　　　　　グルタミン酸　　ピルビン酸

原　理

　ASTの活性測定は基質としてアスパラギン酸とα-ケトグルタル酸を，ALTの活性測定は基質としてアラニンとα-ケトグルタル酸を用い，酵素試料を加えて反応させた後，生成するピルビン酸をピルビン酸オキシダーゼ（POP）により酸化する。この反応で生成した過酸化水素の作用により4-アミノアンチピリンとTOOS（N-エチル-N-(2-ヒドロキシ-3-スルホプロピル)-3-メチ

AST
L-アスパラギン酸 ＋ α-ケトグルタル酸 $\xrightarrow{AST}$ グルタミン酸 ＋ オキサロ酢酸
オキサロ酢酸 $\xrightarrow{OAC}$ ピルビン酸　［OAC：オキサロ酢酸脱炭酸酵素］

ALT
L-アラニン ＋ α-ケトグルタル酸 $\xrightarrow{ALT}$ グルタミン酸 ＋ ピルビン酸
ピルビン酸 ＋ リン酸 ＋ O_2 $\xrightarrow{POP}$ アセチルリン酸 ＋ CO_2 ＋ H_2O_2

$$2H_2O_2 + \text{4-アミノアンチピリン} + \text{TOOS} \xrightarrow{POD} \text{青紫色色素} + OH^- + 3H_2O$$

第10章　血液・尿に関する実験

ルアラニン）との酸化縮合反応によって定量的に生じる青紫色素の吸光度を測定する。

試薬・器具・装置

トランスアミナーゼ測定用キット（和光純薬），マイクロピペット，試験管，分光光度計，恒温水槽

操作

＜AST 活性測定＞

1. 検体（S），標準（Std），ブランク（Bl）の試験管を用意し，マイクロピペットを用いて，各々に血清，AST 基準液，水を 0.02 mL 入れる。
2. S と Bl に AST 基質酵素液を 0.5 mL 加え，37℃で 5 分間予備加温する。
3. 各試験管に発色試液を 0.5 mL 加え，Std にはさらに AST 基質酵素液も 0.5 mL 加えて，37℃で正確に 20 分間加温する。
4. 各試験管に反応停止液を 2.0 mL 加え，よく振りまぜた後，555 nm での吸光度を測定する。

＜ALT 活性測定＞

AST 標準液の代わりに ALT 標準液，AST 基質の代わりに ALT 基質を用いて上記と同様に行う。

	検体（S）	標準（Std）	ブランク（Bl）
試料	血清 0.02 mL	基準液 0.02 mL	水 0.02 mL
基質酵素液	0.5 mL	–	0.5 mL
上記の試料を37℃で5分間加温した後，以下の試薬を加える。			
発色試液	0.5 mL	0.5 mL	0.5 mL
基質酵素液	–	0.5 mL	–
各試験管を37℃で正確に20分間加温し，反応停止液を以下のとおり加える			
反応停止液	2.0 mL	2.0 mL	2.0 mL

結果・計算

AST または ALT 活性値（Karmen 単位*）＝（S の吸光度/Std の吸光度）× 100

> *Karmen の指定した条件下（紫外部測定法）で，血清 1.0 mL により補酵素 NADH（ニコチンアミドアデニンジヌクレオチド還元型）の吸収極大である 340nm の吸光度が 1 分間あたり 0.001 減少した場合を 1 Karmen 単位とする。AST（IU/L）≒ 1.34 Karmen 単位，ALT（IU/L）≒ 1.58 Karmen 単位という関係にある。

基準範囲は，AST が 13 ～ 35 IU/L，ALT は 8 ～ 48 IU/L である。

課題

これらの血清中の活性が上昇する疾患について調べよ。

10-5 血漿遊離アミノ酸比の判定試験
－ Whitehead 法によるタンパク質栄養状態の判定 －

　血漿中には，遊離アミノ酸が遊離アミノ窒素として 100 mL あたり約 5 mg 存在し，生体アミノ酸プールの一部を構成している．血漿アミノ酸濃度およびその比率を測定することはタンパク質栄養，すなわち体内アミノ酸およびタンパク質代謝の状態を推定する手がかりとなる．本実験では，R.G.Whitehead の手法に基づき血漿アミノ酸をペーパークロマトグラフィーで分離し，それらのおおよその比率を求め，タンパク質栄養状態の判定を試みる．

方法・原理

　90％エタノール液で除タンパクとアミノ酸抽出を同時に行い，抽出液中のアミノ酸を一次元ペーパークロマトグラフィーで分離する．分離したアミノ酸をニンヒドリン反応で発色させ，相対位置から各アミノ酸を確認する．ついで硝酸銅溶液に浸して安定な赤色の錯塩を形成させ，必要な部位を切取り，メタノールで錯塩を溶出させる．それぞれの部位の溶出液の吸光度を測定し，アミノ酸比率を算出する．

試 薬

　メタノール，エタノール，n-ブタノール，イソプロパノール，酢酸，アセトン，ニンヒドリン溶液：0.2 g のニンヒドリンを 100 mL のアセトンに溶かす．

　硝酸銅・エタノール溶液：1 mL の飽和硝酸銅水溶液（水に対して数倍量溶解する）を
　　100 mL のエタノールに溶かし，10％硝酸 0.2 mL を加える．

　東洋ろ紙 No.51（40 × 40 cm）または同種のろ紙

器具・装置

　展開槽（箱型デシケータでも可），遠心分離器，分光光度計

操 作

1. 10 mL の試験管に 0.2 mL の血漿（または血清）を取り，4 mL の 90％エタノールを加えて撹拌し，10 分間放置する．（血漿を素手で触らないこと．付着した場合は速やかに流水で洗う．）

2. 遠心分離（3,000 rpm, 10 分）後，上清部を小さな蒸発皿に回収し，60℃以下で蒸発乾固する．

3. 生じた残渣に 0.2 mL の 10％イソプロパノールを加え，細いガラス棒を使ってよく混ぜる．これを試料溶液とする．

4. クロマトグラフ用ろ紙の下部に予め鉛筆で線を引き，適当な間隔をおいて（図 10-1 参照）横幅 2 cm 位の滴下位置にマイクロピペットを用いて試料溶液 25 μL を注意深く線上に均一にゆっくり滴下する．

5. ろ紙を風乾後，n-ブタノール：酢酸：蒸留水を 12:3:5 の割合で混合した展開溶媒に下部を浸けて上昇法でドラフト内で一昼夜展開する（混合展開溶媒は刺激性，腐食性が強

第10章　血液・尿に関する実験

い)。原点から20 cm以上溶媒が浸透したところでろ紙を引き出し，ドラフト内で風乾する。

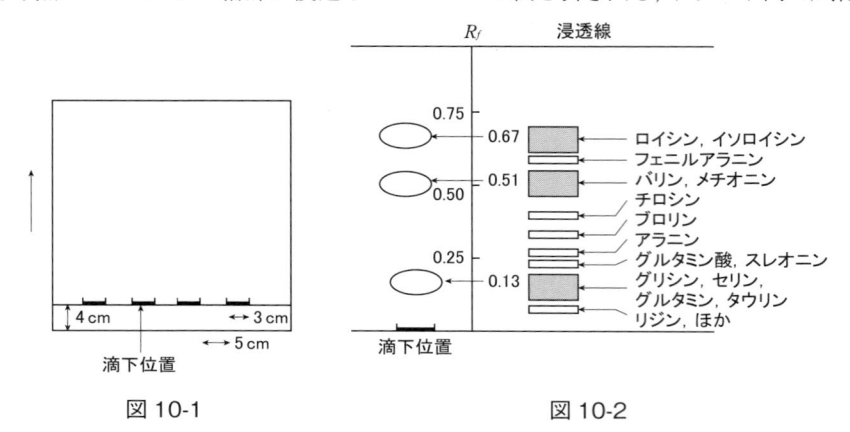

```
                          Rf     浸透線
                        ─────────────────
                        0.75 ┌──┐
                             │  │──ロイシン，イソロイシン
                        0.67 └──┘──フェニルアラニン
                        0.51 ┌──┐──バリン，メチオニン
                        0.50 │  │──チロシン
                             └──┘──プロリン
                                 ──アラニン
                        0.25 ┌──┐──グルタミン酸，スレオニン
                             │  │──グリシン，セリン，
                        0.13 └──┘──グルタミン，タウリン
                                 ──リジン，ほか
                             滴下位置
```

図10-1　　　　　　　　　図10-2

6. ニンヒドリン溶液をバット（プラスチック製のものは避ける）に深さ1 cm位に入れ，この中を風乾したろ紙を浸しながらゆっくり通してから液分を切る。5分間放置後，110℃の乾燥器内に5分間置く。この間にアミノ酸のスポットは赤紫色に発色し，室温に5分間置くと青紫色になる。ただし，プロリンは黄白色になる。プロリンのスポットは各アミノ酸スポットの相対位置を決定する目印ともなる。

7. 図10-2を参考にロイシン＋イソロイシン，バリン＋メチオニン，グリシン＋セリン＋グルタミン＋タウリンの3つの部位の周りを色の境界に沿って薄く鉛筆で囲む。

8. 次に，バットに入った硝酸銅エタノール溶液の中に，6と同様に通して風乾するとニンヒドリンで発色したアミノ酸のスポットは赤紫に変化し，プロリンは無色になる。

9. 風乾後，鉛筆でうすく囲んだ3か所をハサミで切取り，細かく切り刻む。ロイシン＋イソロイシン，バリン＋メチオニンの部分は一緒にして試験管に入れ，グリシン＋セリン＋グルタミン＋タウリンの部分は別の試験管に入れ，それぞれ4.0 mLのメタノールを加える。時々軽く振り混ぜながら30分以上おく。

10. 510 nmの波長で赤味の帯びたメタノール抽出液の吸光度を測定する。

11. 抽出液の吸光度から（ロイシン＋イソロイシン＋バリン＋メチオニン）／（グリシン＋セリン＋グルタミン＋タウリン）のアミノ酸比率を算出する。

課　題

1. 参照した各アミノ酸のRfと実際に得られたRf値との比較検討を行う。

2. ペーパークロマトグラフィーによるアミノ酸の分離のメカニズムについて調べる。

3. 本実験は，一次元クロマトグラフィーである。二次元とはどのようなことかを調べる。

4. アミノ酸の標準試料がある場合，どのような実験が可能か，また定量を試みるとしたらどのような方法があるかを考える。

5. 各個体および他のグループの成績をまとめ（統計処理を行い），アミノ酸比率の正常範囲を求めてみる。

6. この実験によって得られるアミノ酸比率とタンパク質栄養状態との関係を考察する。

10-6 無機リンの定量

リンの体内総量は 500 〜 800 g で，その 80％以上は骨に，15％は筋肉に存在し，細胞外液には約 0.1％が存在する。血漿の全リン濃度は 12 mg/dL 程度で，これにはトリクロロ酢酸(TCA)に不溶性の有機リン(リン脂質)と酸溶性分画(有機リン酸エステルと無機リン)があり，一般に血清リンは無機リンを意味する。血清無機リンは，おもに HPO_4^{2-} と $H_2PO_4^-$ の形で 4：1 の比で存在し，酸塩基平衡の維持に関与している。尿中へのリン排泄には閾値があり，血漿無機リン濃度が 3.2 mg/dL 以下ではほとんどが尿細管から再吸収される。血清リン濃度は，腸管からの吸収，骨からの動員，腎からの排泄に関係して変動する。

原 理

血清中の酸溶性リンの大部分は無機リンによるものであるから，血清の TCA 除タンパク液にモリブデン酸塩を加えてリンモリブデン酸とし，これに還元剤を加えて生成するモリブデンブルーを比色する。

$$3NH_4^+ + 12MoO_4^{2-} + H_2PO_4^- + 22H^+ \longrightarrow (NH_4)_3PO_4 \cdot 12MoO_3\downarrow + 12H_2O$$

モリブデンブルーは Mo の平均酸化状態が 5 と 6 の間にあるような化合物で，例えば，$MoO_2(OH)$，$MoO_{2.5}(OH)_{0.5}$ などである。

試料・試薬

試料：ヒトおよびブタ血清

10％(w/v)トリクロロ酢酸(TCA)溶液

モリブデン酸試薬：硫酸 83 mL を約 400 mL の水に加え，これにモリブデン酸アンモニウム 25 g を溶かし，さらに水を加えて全量を 1,000 mL とする。

還元剤：亜硫酸水素ナトリウム 58.5 g，無水亜硫酸ナトリウム 1.0 g および 1,2,4-アミノナフトールスルホン酸 1.0 g を細砕混和したもの褐色瓶中に保存し，この 7.5 g を 50 mL の水に溶解し，ろ過して用いる。

リン標準液(8 mg/dL)：1 mg/mL リン標準液 2 mL を 25 mL メスフラスコに取り，水で加えて 25 mL とする。

器具・装置

試験管，マイクとピペット，分光光度計

操 作

1. 試験管を試料(血清)用に 1 本と検量線作成用に 5 本を用意する。
2. マイクロピペットを用いて試料用試験管に 0.2 mL の血清を入れる。検量線作成用の 5 本の試験管には，リン標準液を順に，0，0.05，0.10，0.15，0.2 mL 入れ，さらに全量が 0.2 mL となるように水を加える。
3. 各試験管に 10％ TCA 溶液を 3.0 mL 加えて混和し，5 分間放置後，血清試料のみを 3,000 rpm で 5 分間遠心分離する。

4. 遠心分離後の試料の上清，ならびに検量線作成用試料の各々から，安全ピペッターを用いて新たな試験管に 2.0 mL とる。
5. それぞれの試験管にモリブデン酸試薬 0.4 mL を加えて混和し，さらに，還元剤 0.2 mL と水 1.4 mL を加えて混和し，20 分間放置する。
6. 660 nm での吸光度を測定する。

[結　果]

検量線作成用試料の吸光度を基に検量線の回帰式を求め，試料の吸光度を代入してリン酸濃度を求める。

基準範囲は，ヒト成人で 2.5 〜 4.5 mg/dL，ブタでは 6 〜 8 mg/dL である。

[備　考]

血球中には酸溶性有機リン化合物があり，これらは不安定で加水分解されて無機リンになるため，溶血は正誤差となる。

10-7 血清および尿中のクレアチニンの定量

クレアチンは 90% 以上が筋肉に含まれているが，クレアチンキナーゼの作用によって ATP からリン酸基を受取って大部分はクレアチンリン酸（ホスホクレアチン）として存在する。クレアチンリン酸は嫌気的条件下での筋肉の収縮に際して ADP にリン酸基を転移させて ATP を素早く再生する。

クレアチニンはクレアチンリン酸の代謝産物で，腎糸球体でろ過された後，ほとんど再吸収されることなく尿中に排泄される。尿中排泄量は主として筋肉のクレアチン総量（筋肉の総量）に比例し，食事などの影響を受けず，一般に筋肉量の多い男性の方が女性よりも排泄量が多い。また，血清クレアチニン濃度は糸球ろ過量 (GFR) と密接な関係があり，腎機能障害の指標として診断，治療経過の観察に利用される。

$$
\begin{array}{ccc}
\text{NH}_2 & \text{NHPO}_3\text{H}_2 & \\
| & | & \\
\text{C=NH} \xrightarrow{\text{ATP} \;\; \text{ADP}} \text{C=NH} \xrightarrow{\text{Pi}} & \text{クレアチニン} \\
| & | & \\
\text{NCH}_3 & \text{NCH}_3 & \\
| & | & \\
\text{CH}_2 & \text{CH}_2 & \\
| & | & \\
\text{COOH} & \text{COOH} & \\
\text{クレアチン} & \text{クレアチンリン酸} & \text{クレアチニン（尿中排泄）}
\end{array}
$$

【原理】

クレアチニンはクレアチニナーゼ (CRN) の作用でクレアチンとなり，ついでクレアチナーゼ (CR) によってサルコシンを生じ，さらにサルコシンオキシダーゼ (SOX) によって過酸化水素を生成する。生じた過酸化水素とペルオキシダーゼ (POD) の作用によって，3-ヒドロキシ-2,4,6-トリヨード安息香酸 (HTIB) と 4-アミノアンチピリン (4-AAP) が酸化的に縮合して赤色のキノン色素を生成する。この呈色を 515 nm での吸光度として測定し，クレアチニン濃度が求まる。

$$\text{クレアチニン} + \text{H}_2\text{O} \xrightarrow{\text{CRN}} \text{クレアチン}$$

$$\text{クレアチン} + \text{H}_2\text{O} \xrightarrow{\text{CR}} \text{サルコシン} + \text{尿素}$$

$$\text{サルコシン} + \text{O}_2 + \text{H}_2\text{O} \xrightarrow{\text{SOX}} \text{グリシン} + \text{HCHO} + \text{H}_2\text{O}_2$$

$$\text{H}_2\text{O}_2 + \text{HTIB} + \text{4-AAP} \xrightarrow{\text{POD}} \text{キノン色素}$$

【試料・試薬】

試料：ヒト血清，および 24 時間尿（水で 10 倍希釈）

クレアチン測定キット（カイノス製）：内訳は，反応試薬 (I)（クレアチナーゼ，サルコシンオキシダーゼを含む），反応試薬 (II)（クレアチニナーゼ，4-AAP を含む），緩衝液（HTIB を含む），溶解液。なお，反応試薬 (I) は緩衝液に，また，反応試薬 (II) は溶解液にあらか

じめ溶解させる。
　クレアチニン標準液（5 mg/dL）

器具・装置

　試験管，マイクロピペット（50 μL）恒温水槽，分光光度計。比例蓄尿器（アリコートカップ，泉製作所）

操作

1. 5本の試験管を用意し，下表のとおり標準液と水とを混合して検量線用の試料を作成する。

クレアチニン濃度（mg/dL）	0	1	2	3	4
標準液（5 mg/dL），μL	0	10	20	30	40
精製水，μL	50	40	30	20	10

2. 試料（血清または尿）50 μL を別の試験管に取る。
3. 上記1ならびに2の試験管の各々に反応試薬 (I) を 1.0 mL 加えて混和し，37℃で10分間保持する。
4. 次いで，反応試薬 (II) を各々に 1.0 mL 加えて混和し，さらに37℃で20分間保持する。
5. 40分以内に各々の溶液の 515 nm での吸光度を測定する。
6. 検量線の1次回帰式を求め，試料の吸光度を代入して濃度（mg/dL）を算出する。

結果・計算

　検量線作成用試料の吸光度を基に検量線の回帰式を求め，試料の吸光度を代入してクレアチニン濃度を算出する（尿の場合は希釈倍率を考慮のこと）。濃度に24時間尿量(L)を乗ずることによって，クレアチニン排泄量(g/day)が求まる。

　　血清クレアチニン基準範囲：男性 0.8〜1.2 mg/dL，女性 0.6〜0.9 mg/dL
　　クレアチニン排泄量：男性 1.0〜1.5 g/day，女性 0.7〜1.2 g/day

クレアチニンクリアランスの算出

　腎臓の機能を測定する方法にクリアランス法がある。1分間の尿量(V)を測定し，ある物質Aの尿中濃度(U)を定量すると，U×Vから物質Aの1分間の尿中排泄量が求められる。これを血漿中の物質Aの濃度Pで割った値が物質Aのクリアランス値である。

　　クリアランス値（mL/分） = （U × V）／P

腎クリアランス

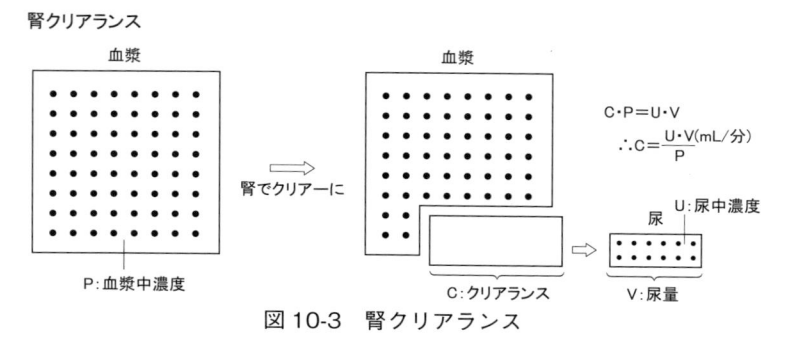

$C \cdot P = U \cdot V$

$\therefore C = \dfrac{U \cdot V (mL/分)}{P}$

P：血漿中濃度　　C：クリアランス　　U：尿中濃度　　V：尿量

図 10-3　腎クリアランス

クリアランス値は1分間に尿中に排泄された物質Aの量が，血漿何mL中の物質Aに相当するかを示すが，測定する物質によって値が異なり臨床的意義も異なるので，必ず測定した物質名をつける。

血液中のクレアチニンは糸球体でろ過された後ほとんど再吸収されることなく尿中に排泄される（厳密には尿細管への分泌があるため，厳密なGFR測定はイヌリンの静脈内投与によって行われる）ため，クレアチニンクリアランス値は1分間に糸球体からろ過された尿量（糸球体ろ過量；GFR）にほぼ等しい。

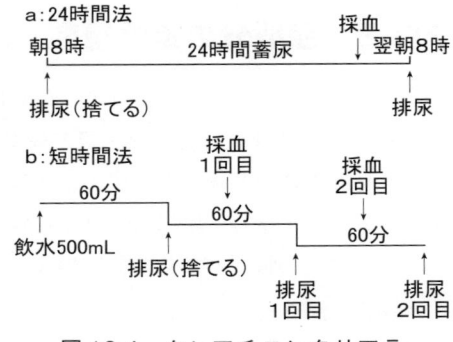

図10-4 クレアチニンクリアランス測定の実際

クレアチニンクリアランス：100～150 mL/分

備 考

24時間尿の採取：午前8時に完全に排尿し（この尿は捨てる），それ以降翌朝8時までの尿を排尿の度に比例蓄尿器を用いて一定量を回収する。採取した尿の体積に比例蓄尿器の比率を乗じて24時間尿量（mL）を算出する。尿体積を測れない場合は，尿重量を求め尿比重の平均値1.015で割って体積に換算する。

課 題

血清クレアチニン濃度，尿クレアチニン濃度および24時間尿量から，クレアチニンクリアランス値を求めよ。

コラム

大きな数字でのコンマ(,)の打ち方

大きな数字を表記する場合，例えば，12,300とか1,234,500というように3桁ごと，すなわち10^3ごとにコンマを書き入れる（2-1-3参照）ことが一般的である。しかし，このコンマの使い方は，日本語での数字の読み方とは一致していない。日本語での数値の読み方は，一，十，百，千，(一)万，十万，百万，千万，一億，十億...というように，4桁ごとに単位が繰り上がっていく。すなわち，万は10^4，億は10^8，兆は10^{12}ということであるので，4桁ごとに「，」を入れた方が合理的である。例えば，12,3000と書けば，12万3000と分かりやすい。しかし，実際には4桁ごとにコンマを打つ表記法は残念ながら採用されてはいない。3桁区切りでの下の桁から最初のコンマは千，2番目は100万，3番目は10億と覚えるしかないようである。

第 10 章　血液・尿に関する実験

10-8　尿成分の定性反応

　腎臓には 1 日に約 1,700 L の血液が流れ込み，糸球体でろ過されて約 170 L の原尿が生成するが，尿細管での再吸収を経て最終的に 1.2 〜 1.5 L の尿が排泄される。尿はタンパク質や核酸の代謝産物である尿素，尿酸のほか，様々な有機物，無機塩類，微量のビタミン，酵素などを含む。尿に含まれる物質の変化を調べることで，腎臓や尿路の疾患だけでなく，心臓，肝臓など多くの器官の異常を知ることができる。

試料・試薬

　試料：各自の尿
　希塩酸，3.5％シュウ酸アンモニウム溶液，10％塩化第二鉄($FeCl_3$)溶液，1％硝酸銀
　飽和ピクリン酸水溶液，10％水酸化ナトリウム水溶液，クロロホルム，
　アルデヒド試薬：p-ジメチルアミノベンズアルデヒド 2 g を乳鉢に入れ，少量の濃塩酸
　　を加えながら磨砕し，濃塩酸 50 mL を加えた後，水を加えて全量を 100 mL とする。
　オーベルマイヤー試薬：濃塩酸 1,000 mL に 10% $FeCl_3$ 溶液 5 mL を混和する。
　Sulkowitch 試薬：シュウ酸 2.5 g とシュウ酸アンモニウム 2.5 g を 145 mL の水に溶かし，
　　酢酸を 5 mL 加える。

器具

　採尿カップ，駒込ピペット，メスピペット，安全ピペッター，試験管，共栓試験管（25 mL）

操作

＜カルシウム＞（Sulkowitch の半定量法）
　試験管に尿と試薬を等量とり，よく混和して 2 〜 3 分放置する。尿中のカルシウム量に応じて白色沈殿を生じる。

＜リ　ン＞
1. 尿 5 mL を試験管にとり，10％塩化第二鉄($FeCl_3$)溶液を加える。
2. リン酸第二鉄($FePO_4$)の白色沈殿を生じる。

＜塩　素＞
　尿 3mL に希硝酸 4,5 滴加え混和した後，5％硝酸銀を 1 滴滴下する。塩化物イオンの量に応じて白色沈殿を生じる。

＜クレアチニン＞（ヤッフェ反応）
　尿 3mL を試験管に取り，飽和ピクリン酸水溶液 3 mL を加えて撹拌し，さらに 10％水酸化ナトリウム水溶液 1.5 mL 加えてアルカリ性にすると，橙赤色になる。

＜ウロビリン体＞（エールリッヒ反応）
　採尿後 1 時間以内の新鮮な尿約 3 mL を試験管に取り，アルデヒド試薬 5 〜 10 滴を加える。3 〜 5 分放置すると微紅色を呈する。

<インジカン>（オーベルマイヤー法）

25 mL 容共栓試験管に尿 5 mL を取り，オーベルマイヤー試薬 5 mL を加えてミキサーでよく混和し，1～2 分後にクロロホルム 2 mL を加え，密栓して転倒混和後，静置する。インジカンの濃度に応じてクロロホルム層が青色を呈する。

インジカンを強酸で加水分解するとインドキシルが生じ，これを酸化するとインジゴとなる。

備考

1. ウロビリン体

ウロビリノゲンは腸管内で腸内細菌の還元作用によってビリルビンから合成される。ウロビリノゲンおよびその酸化型であるウロビリンの両者をウロビリン体という。ウロビリノゲンの大部分は糞便中に排泄されるが一部は門脈から肝臓に再吸収される。再吸収されたウロビリノゲンの一部は大循環に入り，腎臓を経由して尿中に排泄される。健常人では尿中に検出されるウロビリン体はわずかであるが，体内でのビリルビンの生成亢進などがあると増加し，総胆管閉塞などでは全く検出されなくなる。

2. インジカン

タンパク質中のトリプトファンは腸内細菌の作用によりインドールとなり，腸管から吸収され，肝臓で酸化されてインドキシルとなり，さらに硫酸と結合してインジカン（3-インドキシル硫酸）となり，解毒されて尿中に排泄される。インジカンは健常人の尿に少量含まれるが，ある種の先天性アミノ酸代謝異常症などで大量に尿中に排泄される。

3. ヤッフェ（Jaffe）反応

試料中のクレアチニンはアルカリ性溶液中でピクリン酸と反応し，橙赤色の縮合物を生成する。

10-9 血清および尿中の尿素窒素・尿酸の定量

血清中のタンパク質以外の窒素化合物を非タンパク窒素(non-protein nitrogen; NPN)といい，尿素，尿酸，クレアチニン，クレアチン，アミノ酸，アンモニア，その他の微量成分からなり，健常人ではその50％を尿素が占める。

尿素はアミノ酸の脱アミノ反応によって生じたアンモニアと二酸化炭素から肝臓の尿素回路によって合成されて腎糸球体から濾過され，一部は尿細管で再吸収され，残りが尿中に排泄される。尿素由来の窒素を尿素窒素というが，腎機能の低下により窒素排泄が減少すると血中尿素窒素(blood urea nitrogen; BUN)は増加し，尿毒症ではNPNの80〜90％を占めるようになる。BUNは腎からの排泄以外に，体内での生成(食事タンパク摂取量，組織崩壊，胃腸管出血など)や循環血液量の異常(脱水，血液濃縮)などの因子によっても変動する。

10-9-1 尿素窒素の測定

原理

試料にウレアーゼを作用させると，試料中の尿素はアンモニアに分解される。このアンモニアはペンタシアノニトロシル鉄(Ⅲ)酸ナトリウム水塩(ニトロプルシッドナトリウム)の存在下でサリチル酸と次亜塩素酸と反応してインドフェノールを生成する。インドフェノールはアルカリ性条件下で青色を呈する。

$$NH_2CONH_2 + H_2O \xrightarrow{ウレアーゼ} 2NH_3 + CO_2$$

$$NH_3 + NaClO \longrightarrow NH_2Cl + NaOH$$
次亜塩素酸ナトリウム　　　クロラミン

NH₂Cl + サリチル酸 + 2NaClO →(ニトロプルシッドナトリウム)→ キノンクロラミン + 2NaCl + 2H₂O

キノンクロラミン + サリチル酸 → インドフェノール + HCl

試料・試薬

試料：ヒト血清または24時間尿(24時間尿の採取法はクレアチニン定量の項を参照)
尿素窒素標準液(50 mg/dL)
尿素窒素測定用キット(和光純薬)

器具・装置

試験管，恒温水槽，分光光度計

操作

1. 次表に従って検量線用の尿素溶液を調製する。

試験 No.	1	2	3	4	5
尿素窒素濃度（mg/dL）	0	10	20	30	50
尿素窒素標準液（μL）	0	20	40	60	100
水（μL）	100	80	60	40	0

2. 試験管を6本用意し，マイクロピペットを用いて，上記の尿素溶液の各々から20 μL，残りの1本には試料（血清または尿）を20 μL入れる。

3. 各試験管に発色試液Aを2.0 mL加えて撹拌し，37℃で15分間インキュベイトする。

4. 次いで各々に発色試液Bを2.0 mL加えて撹拌し，さらに37℃で10分間インキュベイトする。

5. 各試験管溶液の吸光度を570 nmで測定する。

6. 尿中尿素窒素は，24時間尿を蒸留水で20倍希釈したものを試料とし，同様に定量する。

結果・計算

検量線作成用試料の吸光度から検量線の一次回帰式（$y = a + bx$）を算出し，試料の吸光度を y に代入して x（濃度）を求める。

　　血中尿素濃度基準範囲：7～19 mg/dL，尿中尿素濃度基準範囲：1,700～3,000 mg/dL。

　尿素窒素排泄量（g/day）

　　＝希釈尿の尿素窒素（mg/dL）× 試料希釈倍率 × 1/1,000 × 24時間尿量（mL）× 1/100

　　　基準範囲　6.5～13.0 g/day

　　　尿素量＝尿素窒素× 2.14

　　　　ここでの係数2.14は，尿素分子（$(NH_2)_2C=O$）中での窒素の占める割合 $[60/(14 \times 2)]$ である。

備考

　発色試薬A：ウレアーゼ，サリチル酸ナトリウム，ニトロプルシッドナトリウム。

　発色試液B：次亜塩素酸ナトリウム，水酸化ナトリウム。

10-9-2　尿　　酸

尿酸はプリン誘導体の代謝産物で，血清中の尿酸は核タンパク質の分解によるものと食餌性のものがある。遺伝的要因や環境要因によってプリン体の合成，異化が亢進した場合，また腎機能障害により排泄が滞った場合，高尿酸血症をきたす。

原理

試料中の尿酸はウリカーゼの作用を受けて酸化され，同時に過酸化水素を生じる。生成した過酸化水素は，ペルオキシダーゼの作用によりTOOS（N-エチル-N-(2-ヒドロキシ-3-スルホプロピル)-3-メチルアラニン）と4-アミノアンチピリンとを定量的に酸化縮合させ，青紫色の色素を生成させるので，この吸光度を測定する。

第10章 血液・尿に関する実験

$$尿素 + O_2 + 2H_2O \xrightarrow{ウリカーゼ} アラントイン + CO_2 + H_2O_2$$

$2H_2O_2$ + 4-アミノアンチピリン + TOOS $\xrightarrow{POD}$ 青紫色色素 $OH^- + 3H_2O$

試薬・器具

試料：ヒト血清および24時間尿

尿酸標準液（10 mg/dL），尿酸測定用キット（和光純薬）

器具・装置

試験管，恒温水槽，分光光度計

操 作

1. 下表に従って検量線用の尿酸溶液を調製する。

試験 No.	1	2	3	4	5
尿素窒素濃度（mg/dL）	0	4.0	6.0	8.0	10
尿素窒素標準液（μL）	0	40	60	80	100
水（μL）	100	60	40	20	0

2. 試験管を6本用意し，マイクロピペットを用いて，上記の尿素溶液の各々から20 μL，残りの1本には試料（血清または尿）を20 μL入れる。

3. 各試験管に発色試液を3.0 mL加えて撹拌し，37℃で5分間インキュベイトする。

4. 555 nmでの吸光度を測定する。

5. 尿中尿酸窒素は，24時間尿を蒸留水で10倍希釈して試料溶液とし，同様に定量する。

結果・計算

検量線作成用試料の吸光度から検量線の一次回帰式（$y = a + bx$）を算出し，試料の吸光度をyに代入してx（濃度）を求める。

血清尿酸基準範囲：男性4.0〜7.0 mg/dL，女性2.5〜5.6 mg/dL

尿酸は男女の間で最も大きい血清化学成分の一つである。

尿酸排泄量（g/day）
　＝希釈尿の尿酸濃度（mg/dL）×尿の希釈倍率× 1/1000 × 24時間尿量（mL）× 1/100

基準範囲：0.4 〜 1.2g/day

備　考

尿素窒素排泄量からタンパク質摂取量の求め方

摂取タンパク質量(g/day) ＝〔尿素窒素排泄量(g/day) ＋ 体重(kg) × 0.031〕× 6.25

課　題

1. 各成分は，それぞれ何が代謝されて生じたものか，それぞれ説明せよ。また，それらの血中濃度が病的な変動を起こす代表的な例を，それぞれ挙げよ。

2. 尿素窒素量からタンパク質摂取量を推定せよ。

11 栄養・食品に関する実験

11-1 基礎栄養学実験

　生体の糞や尿には多様な成分が含まれており，これらの採取することにより排泄される成分の量を観察でき，生体内における代謝変動を推察することができる。また，摂取量を把握することにより，その成分の出納を調べることも可能となる。生体においてある成分の出納を調べることは，生体内における代謝変動の評価が可能となるので重要である。この実験ではラットを用い，摂取した窒素量および，糞，尿に排泄される窒素量を測定し，窒素の出納実験を行う。摂取する窒素の大半はタンパク質から得られるものである。窒素の出納を調べることによりタンパク質の質，つまり栄養価を評価することができる。

[原理]

　窒素は主にタンパク質として摂取し，体内に保留される。消化吸収されなかった窒素は糞中に排泄され，体タンパク質が分解され，不要となった窒素は主に尿素として尿中に排泄される。したがって，摂取窒素量と排泄窒素量を調べることにより，体内に保留する窒素量を求めることができる。これにより，摂取するタンパク質の栄養価を評価することができる。体内に窒素が保留される率の低いタンパク質は栄養価が低いと考えることができる。

図 11-1　窒素出納の概念

[飼育用飼料]

　飼育用飼料組成は下表のとおりとする。

	飼料（g/100g）				
	予備飼育用	カゼイン	大豆タンパク質	小麦グルテン	無タンパク質
カゼイン（タンパク質源）	25.00	11.76	–	–	–
大豆タンパク質（タンパク質源）	–	–	12.05	–	–
小麦グルテン（タンパク質源）	–	–	–	12.82	–
コーンスターチ（炭水化物源）	48.25	61.49	61.20	60.43	73.25
スクロース（炭水化物源）	10.00	10.00	10.00	10.00	10.00
大豆油（脂質源）	7.00	7.00	7.00	7.00	7.00
ミネラル混合物	3.50	3.50	3.50	3.50	3.50
ビタミン混合物	1.00	1.00	1.00	1.00	1.00
重酒石酸コリン	0.25	0.25	0.25	0.25	0.25
セルロース	5.00	5.00	5.00	5.00	5.00
飼料エネルギー量 * (kcal/g)	3.89	3.89	3.88	3.85	3.96

　＊タンパク質含量：カゼインが85％，大豆タンパク質が83％，小麦グルテンが78％の場合
　＊飼料に含まれるタンパク質量（窒素量）は同じになるように設定

試　薬

1N 硫酸，ネンブタール麻酔薬，生理食塩水，硫酸，3％ホウ酸，
分解促進剤(硫酸カリウム(K_2SO_4)：硫酸銅($CuSO_4 \cdot 5H_2O$) ＝ 9：1)
40％(w/v)水酸化ナトリウム，1/20N 硫酸もしくは 1/10N 硫酸(場合により 1/50N 硫酸)，
混合指示薬(0.2％メチルレッド - 0.1％メチレンブル；95％エタノールに溶解させる)

器具・装置

ラット飼育ケージ一式，代謝ケージ，解剖道具(ハサミ，ピンセット，注射筒など)，凍結乾燥機，電子天秤，ホールピペット，マイクロピペッター，乳鉢，三角フラスコ(もしくはコニカルビーカー)，メスフラスコ，ケルダール分解装置(電熱器で代用可)，ケルダール蒸留装置，ビュレット

操　作

＜予備飼育＞

1. ラット(Sprague-Dawley(SD)系雄(4週齢)，他種ラットでもよい)を個別ケージに入れる。
2. 25％カゼイン飼料で 7 日間予備飼育する。毎日体重と摂食量を記録する。
3. 最初の日はえさ壺に飼料を 20 g 程度入れ，重量を記録する。
4. 翌日ラットの体重を測定し，食べ残したえさが入っているえさ壺の重量を測定する。
5. 食べ残した飼料は全て捨て，えさ壺に付着している飼料をふき取ってから，新たに飼料を入れる。入れる量は 1 日の最大摂食量＋5 g とする。
6. 水は 3 日ごとに交換し，床敷は毎日交換する。

＜試験飼育＞

1. 飼料を所定のものに切り替え，7 日間飼育を行う。ただし，えさ壺はすべて新しいものを使うか，使用中のものを洗浄してから使う。
2. これ以降は飼料が異なる以外はすべて予備飼育時と同様に行う。ただし，各飼料の給餌量は試験飼育時の 1 日の最大摂食量＋5 g とする。無タンパク質食の場合，前日の摂食量＋5 g を与える。なお，試験飼育開始日はこれまでの最大摂食量＋5 g を与える。

＜試験飼育最終 3 日間＞

1. 代謝ケージをセットし，尿採取ビンには腐敗防止のため 1N 硫酸を 20 mL 入れておく。
2. 代謝ケージにラットをそれぞれ移す。これにより糞，尿を採取可能となる。
3. この 3 日間の体重測定，摂食量測定，給餌等についてはこれまでと同様に行う。
4. 最終日に糞を採取する。尿は 60℃ 程度の蒸留水(使用できるのは 200 mL 程度)で尿が付着している部分をすべて洗い，尿採取ビンに回収する。冷えてから水を加えて 250 mL とする。

＜解　剖＞

1. ラットを適当な麻酔薬で麻酔し，開腹する。
2. 腹部大動脈より採血し，その後肝臓および副睾丸脂肪を採取し，重量を測定する。

＜飼料，糞および尿の窒素定量＞

飼料，糞，尿中の窒素の定量はケルダール法により行う（適当な参考書を参照）。

結　果

1. 3日間で摂取した窒素量および，糞と尿として排泄された窒素量から窒素出納を求める。

    3日間の窒素出納(mg) ＝ 3日間での摂取窒素量(mg) － 3日間の糞と尿中窒素量(mg)

2. 生物価を求める。これによりタンパク質の栄養価を評価できる。
3. タンパク質効率（＝体重増加量／摂取量）を求める。これも栄養価の評価法の1つとなる。

備　考

1. 本実験は，生命を扱う実験であることを理解し，真摯に取り組むこと。
2. 小麦グルテン飼料にリジンを補足するにより，どのような変化が起きるか観察することで，制限アミノ酸の概念を理解することができる。
3. 尿中の尿素，尿酸，クレアチニン排泄量を測定することで，排泄される窒素成分の大半が尿素であることを確認できる。
4. 解剖時に得た肝臓や血液より血清を採取し，適当な成分を分析することが可能である。例えば，血清タンパク質量や血清アルブミン量を測定することにより，栄養状態を観察することもできる。

課　題

1. 各タンパク質のアミノ酸組成（食品成分表参照）と生物価の結果より考察を行う。
2. タンパク質の栄養価の評価法として，正味タンパク質利用率がある。これについて調べ，生物価とのちがいについて考える。
3. ラットのアミノ酸要求量の文献値から，摂取したタンパク質のアミノ酸組成から各アミノ酸の充足度を調べる。

11-2 牛乳中のカルシウムの定量

　カルシウムは，その大部分が体支持成分として骨格，歯牙中に含有される。また，約 1% は体液中に存在し，細胞の増殖，神経の興奮，筋肉の収縮，血液凝固などの必須成分として機能している。カルシウムは体内で最も多い無機質である反面，摂取不足による生体障害もしばしば問題となる。本実験では，カルシウムのすぐれた供給食品としての牛乳を用いその中のカルシウムの測定を行う。

原理・方法

　牛乳に酢酸を加え，pH 4.6 前後にするとカゼインと脂肪の混合物が沈殿する。沈殿を除いた浄化液に，シュウ酸アンモニウム溶液を加えるとシュウ酸カルシウムの白色沈殿が生じる。沈殿をろ別して洗浄し，硫酸を加えて沈殿を溶解するとシュウ酸が遊離する。この溶液を 60℃ 以上に加温し，熱いうちに過マンガン酸カリウム溶液でシュウ酸を滴定することによって牛乳中のカルシウム含量を求めることができる。

試　薬

　5%(v/v)酢酸，1M 硫酸，6M 硫酸，
　2%(w/v)シュウ酸アンモニウム・アンモニア溶液(1%のアンモニアアルカリ溶液になるようにする)
　0.004M 過マンガン酸カリウム標準液(0.01M シュウ酸標準溶液で正確な濃度を求めておく)

器具・装置

　ビーカー，コニカルビーカー，メスピペット，シリンジおよびフィルター，ビュレット

操　作

1. 牛乳 50 mL に水 30 mL と 5%酢酸 10 mL を加え，水で全量を 100 mL とし，よく混合した後，10 分間静置し，白色沈殿を生成させる。
2. 遠沈管に移し，遠心分離(3,000 rpm，10 分)する。浮遊物が残る場合はろ過する。
3. 浄化液 20 mL に 2%シュウ酸アンモニウム・アンモニア溶液 20 mL を加え，良く撹拌した後，20 分間静置する(沈殿の熟成には 2 時間以上必要とされている)。
4. 白色の沈殿をかき混ぜてシリンジ(注射筒)で吸い取って，シリンジフィルター(AS045 等)に捕集する。フィルターに集められ沈殿は，10 倍に希釈した 2%シュウ酸アンモニウム・アンモニア溶液 10 mL で洗浄する。
5. 洗浄したフィルター内の沈殿にシリンジを使って 1M 硫酸 20 mL を洗い出すようにゆっくり加え，溶出させる。さらにフィルターを 10 mL の 1M 硫酸，水で順に洗浄し，洗液を含めて全量を 50 mL とする。
6. コニカルビーカーに試料溶液 10 mL を取り，6M 硫酸 10 mL を加えて 60℃ 以上に加温し，熱いうちに 0.004M 過マンガン酸カリウム標準液を用いて滴定する。標準液は断続的に加え良く撹拌する。30 秒以上紫紅色が消えない，微紅色を終点とする。

第11章　栄養・食品に関する実験

7. 滴定量からシュウ酸濃度を求め，希釈倍率から牛乳中のカルシウムの含量を算出する。

備　考

1. 操作1での沈殿をろ別すると，脂肪とカゼインの分離に用いることもできる。

2. 過マンガン酸カリウム標準液を最初に加えたときは，よく振っても紫紅色の色が消えるまで少し時間がかかるが，次からは速やかに消える。

課　題

1. 牛乳中のカルシウムの存在形態を調べ，操作1〜6におけるカルシウムの形態の変化を反応式で示しながら述べよ。

2. シュウ酸と過マンガン酸カリウムの反応式を示せ。

3. カルシウムの正確な含有量を求めるに当り，誤差となりえる操作をあげ，理由を述べよ。

4. 筋肉の収縮，神経の興奮，血液の凝固におけるカルシウムの働きを分子レベルで説明せよ。

5. 体支持組織の組成およびカルシウムの存在形態を調べる。

6. カルシウムの栄養所要量を示し，カルシウムの主な供給食品と平均的な摂取量をあげよ。

11-3　滴定法による食品中の酸・塩分の測定

　食品成分の中には，簡易な定量法である滴定法によってその含量が求められるものも多い。本実験では，身近にある果汁・食酢の酸濃度および味噌・醤油の食塩分を中和滴定法および沈殿滴定法を用いて測定する。この実験を通して，容量分析法の基礎を学ぶ。

方法・原理

　試料溶液の滴定の前に，滴定に用いる 0.1M NaOH および 0.02M $AgNO_3$ 標準溶液を調製し，標準試薬としてシュウ酸および塩化ナトリウムを用い，それぞれを標定する（正確な濃度を決める）。食品の一定量を量り取り，固形試料の場合は擦りつぶして水で浸出してから希釈する。液体試料の場合はそのまま水で希釈し，試料溶液とする。その一定量を取り，酸濃度は 0.1M NaOH 標準溶液を用いた中和滴定法で，塩分は 0.02M $AgNO_3$ 標準溶液を用いた沈殿滴定法で求める。

試　薬

　シュウ酸二水和物，塩化ナトリウム，水酸化ナトリウム，硝酸銀
　フェノールフタレイン指示薬（フェノールフタレイン 0.1 g を 95％エタノール 90 mL に溶かし水で全量を 100 mL とする），チモルブルー・ニュートラルレッド混合指示薬（チモルブルー 0.02 g とニュートラルレッド 0.01 g を 95％エタノール 30 mL に溶解する），10％クロム酸カリウム溶液

操　作

＜食品中の有機酸の定量＞

1. 純シュウ酸（$C_2O_4H_2 \cdot 2H_2O$）約 0.63 g を精秤し，100 mL のメスフラスコに水で流し入れ，水で全量を 100 mL とする。これを 0.10M シュウ酸標準溶液とし，秤量値より濃度を計算する。
2. 水酸化ナトリウム（特級）約 0.8 g を 200 mL の水に溶かし，0.1M NaOH 標準溶液とする。
3. シュウ酸標準溶液 10.0 mL をホールピペットでコニカルビーカーに取り，フェノールフタレイン（約 0.05 mL）を指示薬として 0.1M NaOH 標準溶液で滴定し，標準溶液の正確な濃度を求める。なお，滴定は 0.01 mL の単位まで読み取り，2回以上行って平均値を滴定値とする。
4. 10〜20 mL の果汁・食酢を正確に測り取り，100 mL のメスフラスコに移して水で全量を 100 mL とし，これを試料溶液とする。果実の場合は，試料に海砂，温水を加え，十分擦りつぶした後，乳鉢を温水で洗浄しながらろ過し，残渣も温水で洗浄する。ろ液と洗液を合わせて，水で全量を 100 mL にする。
5. 試料溶液 10.0 mL をホールピペットでコニカルビーカーに取り，食酢の場合はフェノールフタレインを，果汁の場合はチモルブルー・ニュートラルレッド（約 0.1 mL）を指示薬として 0.1M NaOH 標準溶液で滴定し，酸濃度（％）を求める。
6. 求めた酸濃度から，果汁はクエン酸，食酢は酢酸に換算してそれぞれの試料中の酸分

第 11 章　栄養・食品に関する実験

含量を算出する。

＜食品中の塩化ナトリウムの定量＞

1. 塩化ナトリウム（容量分析用標準試薬）0.117 g を精秤し，100 mL のメスフラスコに入れて水に溶かし，全量を 100 mL とする。これを 0.02M NaCl 標準溶液とし，濃度を計算する。
2. 特級硝酸銀の約 0.7 g を 200 mL の水に溶かし，0.02M $AgNO_3$ 標準溶液とする。硝酸銀溶液の調製，利用にあたっては遮光可能な容器・器具を用いる。
3. 0.02M NaCl 標準溶液 10.0 mL をホールピペットでコニカルビーカーに取り，20 mL 程度の水を加え，10％クロム酸カリウム溶液（約 0.1 mL）を指示薬として 0.02M $AgNO_3$ 標準溶液で滴定する。褐色の沈殿が全体に広がった時点を反応の終点とする。滴定量から 0.02M $AgNO_3$ 標準溶液の正確な濃度を求める。
4. 1 g または 1 mL の味噌・醤油を正確に量り取り，250 mL のメスフラスコに移し，水に溶かして全量を 250 mL とする。浮遊物がある場合はろ過し，ろ液を試料溶液とする。
5. 試料溶液 10.0 mL をホールピペットでコニカルビーカーに取り，20 mL 程度の水を加え，10％クロム酸カリウム溶液（約 0.1 mL）を指示薬として 0.02M $AgNO_3$ 標準溶液で滴定し，塩濃度を求める。
6. 求めた塩濃度および試料の採取量から，味噌・醤油中の塩分含量（％）を算出する。

課 題

1. 中和反応の反応式を完成させておく。
2. 反応の終点と指示薬との関係を調べ，生じる誤差を検討する。
3. 標準溶液の濃度およびその規定度係数，試料の採取量，滴定量，希釈率などから，食品中の成分の含量（％）を求める式を 1 つにして導いてみる。
4. 食品中の有機酸量，塩分を測定する意義を生体との関わりから調べておく。

付録：電子顕微鏡

　組織や細胞の微細構造を観察するために顕微鏡が用いられるが，光学顕微鏡の場合，可視光線を光源とするため，分解能（光の波長に比例する）は約 $0.2\,\mu\mathrm{m}$ という限界がある。電子顕微鏡では光の代わりに波長の短い電子線を利用して，磁場による電子線の屈折の度合いを調節することによって拡大像を得ている。電子顕微鏡のもつ高い解像度により，生体を構成するタンパク質や核酸の分子あるいはウイルスなどを nm（ナノメートル）オーダーで直接観察することが可能となり，電子顕微鏡での観察結果から得られる情報は生命科学の進展に多大の寄与をなしている。

電子顕微鏡の種類

　電子顕微鏡には大別して透過型電子顕微鏡（Transmission Electron Microscope, TEM）と走査型電子顕微鏡（Scanning Electron Microscope, SEM）の2種類がある。

　透過型電子顕微鏡では，電子線を試料に照射し，透過してきた電子線によって濃淡のある像が得られる。これに対して走査型電子顕微鏡では，集束させた電子線で試料表面を走査することにより試料から発生する二次電子あるいは反射電子を検出してモニター画面に像を画かせる（図1参照）。TEMで得られる像が二次元的であるのに対して，SEMでは焦点深度が深くて立体的（三次元的）な像が観察できる。

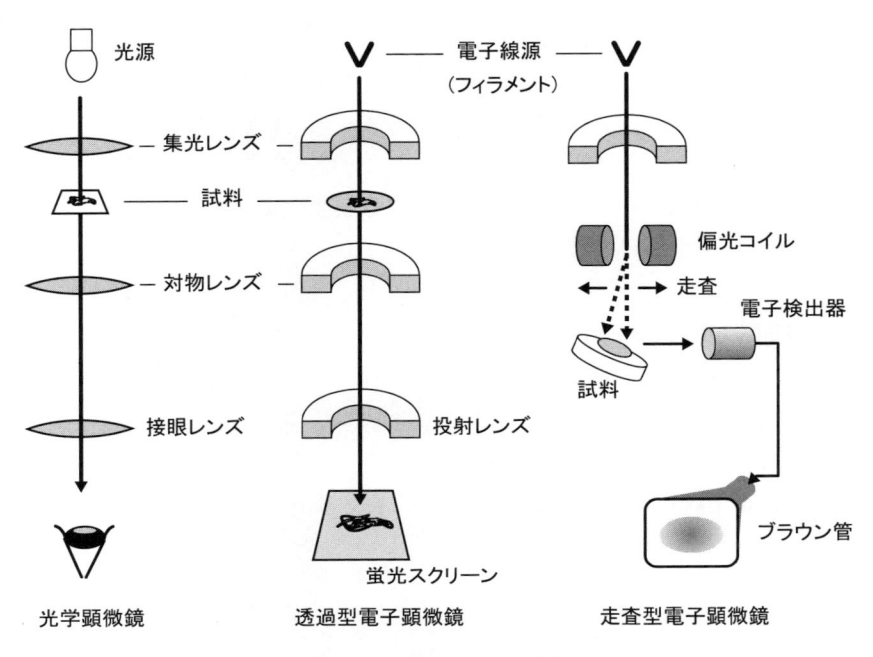

図1　各種顕微鏡の原理

付録：電子顕微鏡

透過型電子顕微鏡のための試料調製法

　一般に生体試料は電子線を一様に透過してしまうので，適当なコントラスト（濃淡）を得るために以下に示すような試料調製を行う。

- 超薄切片法：組織を固定，脱水，包埋して超薄切片を作成し，重金属（鉛やウランなど）化合物で電子染色して観察する。
- シャドウィング：試料に斜め方向から白金などの金属を蒸着させて影付けするもので，金属粒子によるコントラストが得られる。一方向からの蒸着の他に，タンパク質分子やDNA分子を観察する場合には，試料を回転させながら低角度で蒸着し，試料全体を金属粒子で覆うようなロータリーシャドウィングという手法もしばしば用いられる（図2参照）。
- ネガティブ染色：生体高分子，細菌，ウイルスなどの懸濁液を支持膜を張ったグリッドに載せ，染色剤を滴下することにより，試料の周囲ならびに試料面の凹部に染色剤がたまる。これにより，試料の形状が観察できる（図3参照）。
- フリーズレプリカ：試料を急速凍結し，割断した後シャドウイングを施し，さらにそのレプリカを取って検鏡する。組織や細胞の割断面の構造の観察に使われる。

走査型電子顕微鏡のための試料調製法

- 組織や細胞の表面の観察：組織の場合はカミソリ刃などで小片に切り取り，細胞の懸濁液のようなものでは，付着を促すためにポリ-L-リジンで予めコーティングしたガラス板に滴下する。これらを固定，脱水，乾燥（臨界点乾燥あるいは凍結乾燥）した後，金や白金-パラジウムなどで蒸着して観察に供する。
- 内部構造の観察：試料を固定し，ジメチルスルホキシドやグリセリンを浸透させたりあるいはエタノールで試料中の水分を置換し，急速凍結して割断する。割断後，乾燥，蒸着して検鏡する。また，試料を固定・脱水することなく生のままで急速凍結し，冷却したステージに載せて表面あるいは割断した面を観察するクライオSEMも利用されている。

　透過型電子顕微鏡での観察例を下図に示す。ここで示した試料は，筋肉細胞の筋原線維の太いフィラメントを構成するミオシンであり，ロータリーシャドウィング試料（図2）はミオシンの単分子，ネガティブ染色試料（図3）はミオシンを試験管内で自己集合させたフィラメントである。

　このように，電子顕微鏡を用いると，タンパク質を分子レベルで可視化できるようになる。

付録：電子顕微鏡

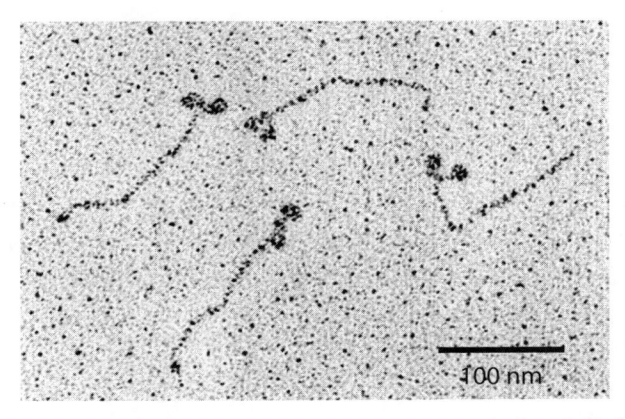

図2　ミオシン分子のロータリーシャドウィングによる観察像
雲母板に噴霧したミオシンに白金によるロータリーシャドウイングを施し，さらに炭素蒸着をした後，雲母板を水に浸漬すると雲母板表面から蒸着膜がはがれて水面に浮かぶ。これをグリッドにすくいとって観察した。スケールバーは 100 nm。

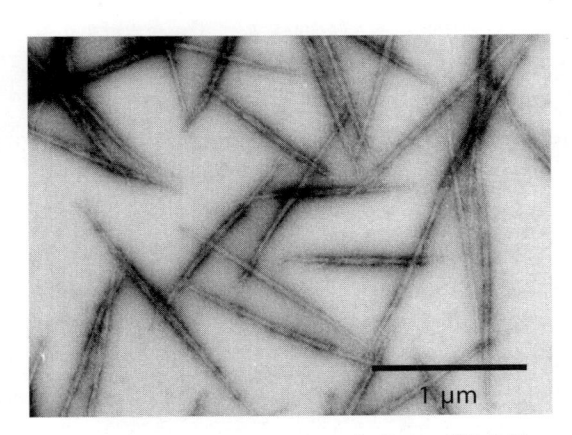

図3　ミオシンフィラメントのネガティブ染色像
ミオシンフィラメント懸濁液を支持膜を張ったグリッドに滴下し，過剰の水分をろ紙で吸い取った後，染色剤として酢酸ウランをさらに滴下して検鏡した。染色剤がフィラメント周囲にたまり，フィラメントの形態が観察できる。スケールバーは 1.0 μm。

参考図書

B. Alberts ほか，中村桂子，松原謙一（翻訳監修）：細胞の分子生物学（第 4 版），Newton Press（2004）
D. T. Plummer，廣海啓太郎ほか訳：実験で学ぶ生化学，化学同人（1995）
阿南功一ほか編：基礎生化学実験法 5 化学的測定，丸善（1976）
石川榮治：酵素標識法，学会出版センター，1991．
大野茂男・西村善文監修：細胞工学別冊 実験プロトコールシリーズ タンパク実験プロトコール①機能解析編，秀潤社（2002）
大藤道衛：電気泳動なるほど Q&A，羊土社（2005）
岡田雅人ほか編：無敵のバイオテクニカルシリーズ 改訂タンパク質実験ノート 下 分離同定から一次構造の決定まで，羊土社（1999）
金井正光編：臨床検査法提要 改訂 31 版，改訂 29 版，金原出版（1983）（1998）
神奈川県栄養士養成施設協会カリキュラム研究会監修：生化学実験書，第一出版株式会社（1990）
佐々木胤則ほか編：基礎生化学実験（第 2 版），三共出版株式会社（1999）
佐々木哲ほか編：生化学実習書（第 3 版），医歯薬出版株式会社（1989）
副島正美・菅原潔：生物化学実験法 蛋白質の定量法，東京大学出版会（1971）
田代操：生化学実験，化学同人（2004）
中山広樹・西方敬人：「バイオ実験イラストレイテッド①分子生物学実験の基礎」および「バイオ実験イラストレイテッド②遺伝子解析の基礎」秀潤社（1999）
日本生化学会：新生化学実験講座第 1 巻，タンパク質 I 分離・精製・性質，東京化学同人（1990）
日本生化学会編：基礎生化学実験法第 5 巻，脂質・糖質・複合糖質，東京化学同人（2000）
日本医師会：生体・機能検査のＡＢＣ（1998）
西方敬人：細胞工学別冊 目で見る実験ノートシリーズ バイオ実験イラストレイテッド⑤タンパクなんてこわくない，秀潤社（1997）
堀内登ほか編：生化学実習，医歯薬出版株式会社（2002）
山川民夫・今堀和友編：生化学実験講座 1 タンパク質の化学 II，東京化学同人（1971）

索　引

あ 行

アガロースゲル電気泳動　81
アシル CoA オキシダーゼ（ACOD）
　　70
アスパラギン酸アミノ基転移酵素
　　97
アボガドロ数　37
アミノ基転移酵素　97
アミラーゼ　61
アミロース　61
アミロペクチン　61
アラニンアミノ基転移酵素　97
アルカリホスファターゼ　55
アルギニン　64
アルデヒド試薬　106
アルブミン　50, 69, 92
安全ピペッター　5

イオン結合　66
一次回帰直線　10
遺伝子　76
移動距離　51
インジカン　107
インシュリン　30

ウリカーゼ　109
ウロビリン体　106, 107

エピトープ　88
エピネフリン　30
遠心加速度　7
遠心分離　7
塩析　48
塩素　106
塩溶　48

か 行

オーベルマイヤー試薬　106
オキソニウムイオン　19
オクタロニー法　88
オレイン酸　69, 71, 74

回折格子　23
回転数　7
界面活性剤　51, 76
解離定数　19
核酸　76
可視光線　22
ガスバーナー　9
カゼイン　64, 115
活性中心　58
ガラス器具　2
カラム　36
カルシウム　106, 115
カロチン　84
還元糖　61
還元粘度　46
緩衝液　16

キサントプロテイン反応　32
基質　58
基質濃度　58
規定度　16
吸光度　22
吸収　22
吸収スペクトル　23
吸光係数　34
強酸　19
凝集反応　90
極性溶媒　66

極大吸収波長　24
グリコーゲン　28
グルコース　30, 61
グルコースオキシダーゼ（GOD）
　　30
クレアチニン　103, 106
クレアチニンクリアランス　104
クレアチンリン酸　103
グロブリン　50, 92
クロロフィル　84

血液型　90
血清タンパク質　50
血糖値　30
ケルダール法　43
ゲルろ過クロマトグラフィー
　　36
限界デキストリン　61
懸濁液　15
検量線　10

抗原　88
抗原決定基　88
抗原抗体複合体　88
酵素・基質複合体　58
酵素活性　58
酵素濃度　56
抗体　88
高密度リポタンパク質（HDL）
　　72
固有粘度　46
コリンオキシダーゼ　95
コレステロール　72
コレステロールエステラーゼ
　　72

索　引

コレステロールオキシダーゼ
　　72

さ 行

最小自乗法　11
最大速度　58

紫外線　23
紫外線吸収　34, 64
紫外部吸収法　43
色素結合法　43
脂質　66
質量　5
弱酸　20
シャドウイング　120
重量　5
重量濃度　16
重量百分率　15
重量容量百分率　15
重力加速度　7
腎糸球体　103

水酸イオン　19
水素イオン濃度　83
水素結合　66
ステアプシン　74
ステアリン酸　69
スフィンゴ糖脂質　90
スフィンゴミエリン　95

生成物　58
精度　10
赤外線　23
セファデックス（Sephadex）
　　36, 38
セル　2, 24
セルロースアセテート膜　50

相関係数　11
走査型電子顕微鏡　119

相対加速度　7
相対粘度　46
疎水性相互作用　66

た 行

ダルトン　111
胆汁酸　72
タンパク質の分子量　51

チアミン　86
窒素出納　112
中性脂肪　67
中性フェノール　76
中和滴定　117
超薄切片法　120
沈降反応　88
沈殿滴定　117

低密度リポタンパク質（LDL）
　　72
電荷　50, 51
電気泳動　50
電気伝導度　37, 44
電子顕微鏡　119
電子天秤　6
天秤　5
デンプン　61

透過型電子顕微鏡　119
透過率　23
透析　44
透析チューブ　44
糖負荷試験　69
ドラフト　1
トリクロロ酢酸（TCA）　28, 64
トリプシン　64

な 行

乳酸　60

乳酸デヒドロゲナーゼ　60
尿酸　109
尿素　46, 108, 112
ニンヒドリン　100
ニンヒドリン試薬　32
ニンヒドリン反応　32

ネガティブ染色　120
粘度　46

は 行

薄層クロマトグラフィー　74, 84
波長　23
バラツキ　10
パルミチン酸　69
半透膜　44

ビウレット試薬　40, 92
ビウレット反応　40
ビウレット法　43, 92
ビタミンＡ　84
ビタミンＢ１　86
非タンパク窒素　108
比粘度　46
標準偏差　10
ピルビン酸　60

フェノール試薬　41
フェノール試薬法（Lowry法）
　　43
フェノール硫酸法　29
物質量　37
フリーズレプリカ　120
プリン体　109
ブレンダー　8
プロテアーゼ　64
プロトン　19
分光光度計　24
分光光度法　23

索引

分子質量　111
分子量　36, 51, 111

平均値　10
ペーパークロマトグラフィー　98
ペプシン　39
ペプチド　64
ペプチド結合　64
ヘマトクリット　94
ペルオキシダーゼ　30, 67

芳香族アミノ酸　34, 43
飽和度　49
ホスファチジルコリン　95
ホモジェネイト　8
ホモジナイザー　8
ホモジナイズ　8
ポリアクリルアミド　51
ポリクロナール抗体　88
ポリトロン　8
ホルモン感受性リパーゼ　69

ま 行

マイクロピペット　5

ミオシン　54, 120
ミカエリス・メンテン（Michaelis-Menten）の式　58
ミカエリス定数　58
水のイオン積　20
水の精製　14
ミロン反応　32

ムタロターゼ　30
免疫　88
免疫グロブリン　88

モル　15, 37
モル吸光係数　23

モル濃度　15, 35

や 行

ヤッフェ（Jaffe）反応　107

有機酸　117
遊離アミノ酸　98
遊離脂肪酸　69, 70

溶液　15
溶液の希釈　16
溶解度　48
溶質　15
溶媒　15
容量百分率　15

ら 行

ランバート・ベール（Lambert-Beer）の法則　23

リジン　64
立体構造　46
リパーゼ　74
リポタンパクリパーゼ　69
硫酸アンモニウム（硫安）　48
両性イオン　19
リン　101, 106
リン酸緩衝液　17
リン脂質　95

レシチン　95
レポート　11

ローター　7

欧 文

A/G　50, 92
ALT　97
AST　97
BCG（ブロムクレゾールグリーン）法　92
Benedict（ベネディクト）反応　26
Bial（ビアル）反応　26
DNA　76
DNA の抽出　76, 78, 81
Folch 法　66
Good buffer　18
GPT　97
Henderson-Hasselbalch の式　21
Jaffe 反応　103
Lineweaver-Burk プロット　59
Lowry 法　41
mol　15, 37
NADH　60
Ostwald 型粘度計　46
pH　19, 83
ppb　16
ppm　16
Rf　85
Rf 値　100
rpm　7
SDS　51, 76
Seliwanoff（セリワノフ）反応　27
SEM　119
SI 基本単位　14
SI 接頭語　14
Skatole（スカトール）反応　27
TEM　119
TE 平衡化フェノール　82
Tris　17
van der Waals 力　66

著者略歴

やまもと　かつひろ
山本　克博（編著者）
　1973 年　北海道大学大学院農学研究科修士課程修了
　　　　　元酪農学園大学教育センター特任教授，農学博士
　専門分野：食品生化学

かなざわ　やすこ
金澤　康子
　1988 年　北海道大学薬学部卒業
　　　　　天使大学看護栄養学部栄養学科准教授，学士（薬学）
　専門分野：生化学

にしむら　なおみち
西村　直道
　1993 年　北海道大学大学院農学研究科修士課程修了
　　　　　静岡大学農学部応用生命科学科教授，博士（農学）
　専門分野：栄養生化学

おばら　まなぶ
小原　効
　1999 年　北海道大学大学院歯学研究科博士課程歯学臨床系修了
　　　　　株式会社ピステム　学術顧問，博士（歯学）
　専門分野：生化学，口腔衛生学

さ さ き　たねのり
佐々木　胤則
　1988 年　北海道大学大学院環境科学研究科博士課程修了
　　　　　元北海道教育大学札幌校教育学部教授　学術博士
　専門分野：栄養生理学，健康科学

みずの　ゆうすけ
水野　佑亮
　1973 年　北海道大学大学院理学研究科博士課程修了
　　　　　藤女子大学名誉教授，理学博士
　専門分野：生化学（酵素，蛋白質化学）

はじめてみよう生化学実験

2008年3月30日　初版第1刷発行
2025年3月30日　初版第8刷発行

　　　　　　　　　　　　　　　Ⓒ　編著者　山　本　克　博
　　　　　　　　　　　　　　　　　発行者　秀　島　　　功
　　　　　　　　　　　　　　　　　印刷者　荒　木　浩　一

発行所　三共出版株式会社　東京都千代田区神田神保町3の2
　　　　　　　　　　　　　郵便番号 101-0051　振替 00110-9-1065
　　　　　　　　　　　　　電話 03-3264-5711　FAX 03-3265-5149
　　　　　　　　　　　　　https://www.sankyoshuppan.co.jp/

一般社団法人 日本書籍出版協会・一般社団法人 自然科学書協会・工学書協会　会員

製版印刷製本・アイ・ピー・エス

JCOPY ＜(一社)出版者著作権管理機構 委託出版物＞
本書の無断複写は著作権法上での例外を除き禁じられています。複写される場合は，そのつど事前に，(一社)出版者著作権管理機構（電話 03-5244-5088，FAX 03-5244-5089，e-mail: info@jcopy.or.jp）の許諾を得てください。

ISBN 978-4-7827-0555-1